한국인이 꼭 알아야 할
우리 곤충 200가지

한국인이 꼭 알아야 할

우리 곤충 200가지

인쇄일 | 2020년 6월 10일
발행일 | 2020년 6월 30일

글과 사진 | 이대암
펴낸이 | 김표연
펴낸곳 | (주)상서각

등록번호 | 제25100-2015-000051호
등록날짜 | 2015년 6월 10일
주소 | 경기도 고양시 일산동구 성현로 513번길 34
전화 | 02-387-1330
팩시밀리 | 02-356-8828
이메일 | sang53535@naver.com

* 책값은 표지에 표시되어 있습니다.

ISBN 978-89-7431-508-5 73480

ⓒ 글과 사진 이대암, 2020

* 이 책 내용의 전부 또는 일부를 재사용하려면 반드시 저작권자와
  (주)상서각 양측의 서면 동의를 받아야 합니다.
* 저자와 협의하여 인지를 생략합니다.

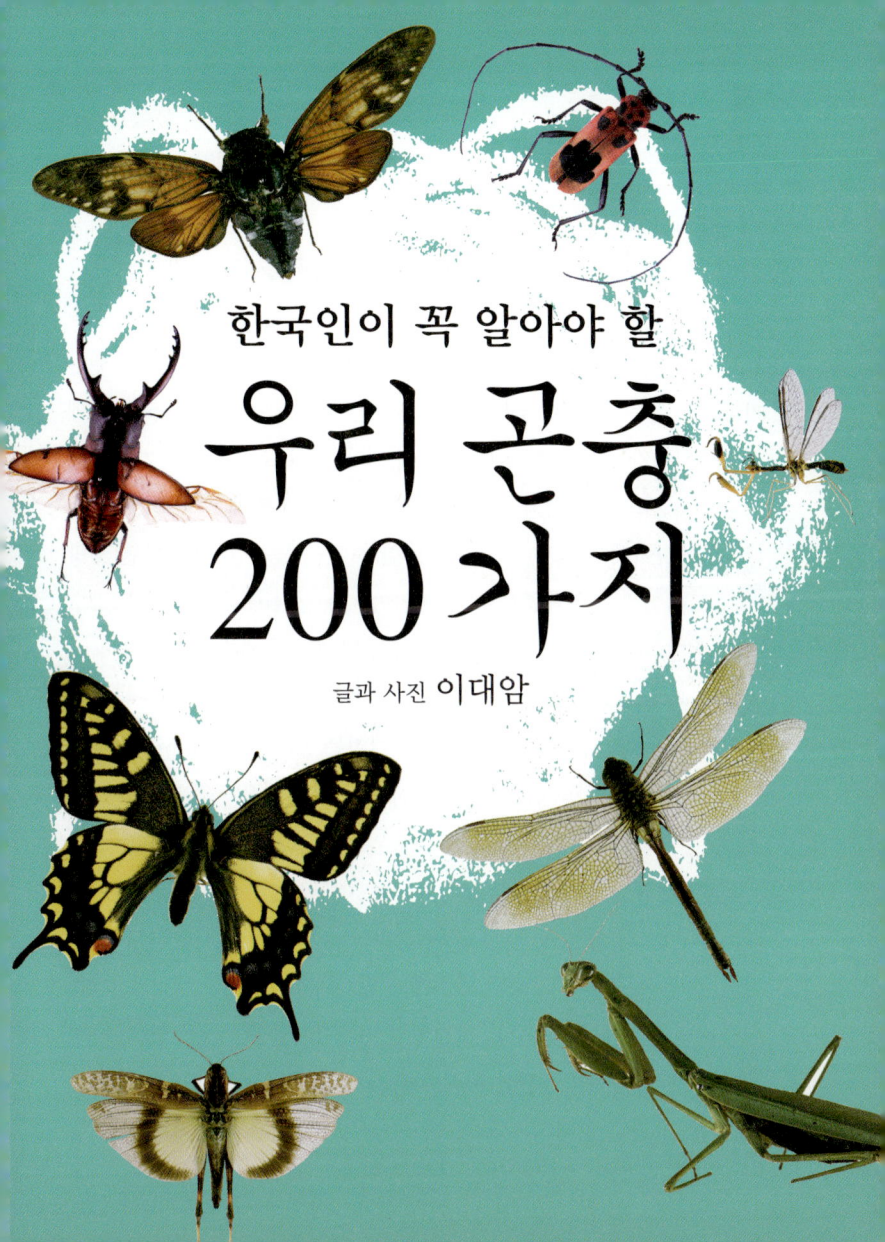

한국인이 꼭 알아야 할

우리 곤충 200가지

글과 사진 이대암

개정판을 내며

지난 2011년 〈우리곤충 200가지〉 초판을 낸지 어느덧 10년이란 세월이 지났다. 그 짧은 기간에도 한해 한 해 따뜻해지는 기후 때문에 한반도의 곤충상에는 적지 않은 변화가 생겼다. 예를 들면 예전엔 전라북도까지 분포했던 장수풍뎅이가 이젠 휴전선 너머까지 북상했는가 하면, 같은 이유로 남방계의 외래곤충들도 많이 유입되어 이 땅에 토착화되어가는 현상도 일어났다. 반면에 우리 토종곤충은 기후변화보다는 도시화와 산업화로 인해 전에 비해 눈에 띄게 줄어들었다. 지난 10년 사이에 생긴 가장 괄목할만한 사건을 들자면 그 흔하던 물방개가 드디어 멸종위기종으로 등극(?) 했다는 사실이다. 이것만으로도 우리 주변의 자연환경이 얼마나 심각히 파괴되고 생태계가 나날이 삭막해져 가고 있는지 짐작할 수 있을 것이다. 한편 그 사이 곤충분류체계상으로도 약간의 변화가 있었다. 매미는 노린재목(Hemiptera)에 편입되었고 사마귀도 바퀴목(Dictyoptera)으로 편입되었다.

무엇보다도 지난 10년 사이에는 곤충에 대한 사회적인 인식의 변화가 어느 때보다 컸던 것 같다. 귀뚜라미나 장수풍뎅이, 사슴벌레, 거저리 등 곤충 14종이 가축의 범주에 포함되는가 하면, 급기야 우리의 식탁에도 오르게 된 것이다. 세계적인 미래학자들은 이구동성으로 곤충만이 우리 인류의 안전한 미래식량으로 대체할 수 있다고 강조하고 있는 만큼, 곤충에 대해 갖고 있던 그 동안의 고정관념은 이제 과감히

버려야할 때가 왔다. 수 천 년 전 누에가 동 서 문명을 잇는 실크로드를 연결하는데 지대한 공헌을 했던 것처럼 우리 인류는 또 미래 식량자원으로 또 한 번 곤충의 신세를 지게 될 지도 모른다.

이처럼 곤충은 지구 생명체의 일환으로서, 그리고 자원으로서 우리가 꼭 알아야 할 대상이다. 이 책은 청소년이나 일반인들에게 곤충을 처음 접하는 사람을 위한 입문서로서 체험활동이나 등산을 하면서 손쉽게 휴대할 수 있도록 포켓용으로 기획하였다. 이 땅에 사는 15,000여 종의 곤충 중에서 우리 주위에서 흔히 마주치게 되는 꼭 알아야 할 최소한의 곤충 200가지를 선정하였으니 이 책을 통해 곤충에 흥미를 느낀 사람은 더 공부하여 다음단계로 발전하기 바란다.

끝으로 이 책을 처음 세상에 선보이게 해주신 모두북스의 김영진 사장님께 감사드리며 출판계의 어려운 여건 속에서도 흔쾌히 개정판을 출간해주신 상서각 김표연 사장님께도 깊은 감사를 드린다.

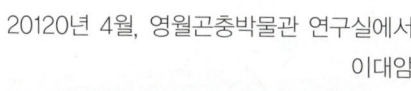

20120년 4월, 영월곤충박물관 연구실에서
이대암

차 례

나비목

1. 배추흰나비 24
2. 대만흰나비 26
3. 큰줄흰나비 28
4. 노랑나비 30
5. 남방노랑나비 32
6. 모시나비 34
7. 붉은점모시나비 36
8. 꼬리명주나비 38
9. 애호랑나비 40
10. 호랑나비 42
11. 산호랑나비 44
12. 제비나비 46
13. 사향제비나비 48
14. 청띠제비나비 50
15. 부전나비 52
16. 푸른부전나비 회령푸른부전나비 54
17. 암먹부전나비 먹부전나비 56
18. 작은주홍부전나비 큰주홍부전나비 58
19. 네발나비 60
20. 청띠신선나비 62
21. 작은멋쟁이나비 64
22. 큰멋쟁이나비 66
23. 대왕나비 68
24. 유리창나비 70
25. 홍점알락나비 72
26. 은판나비 74
27. 황오색나비 76
28. 왕오색나비 78
29. 암끝검은표범나비 80
30. 은점표범나비 82
31. 왕은점표범나비 84
32. 애기세줄나비 86
33. 별박이세줄나비 88
34. 왕세줄나비 90
35. 황세줄나비 산황세줄나비 92
    중국황세줄나비 92
36. 도시처녀나비 봄처녀나비 94
    시골처녀나비 94
37. 외눈지옥나비 96
    외눈이지옥사촌나비 96
38. 뱀눈그늘나비 98
39. 조흰뱀눈나비 석물결나비 100
    흰뱀눈나비 100
40. 굴뚝나비 102
41. 부처나비 부처사촌나비 104
42. 참산뱀눈나비 106
43. 물결나비 애물결나비 108

석물결나비 108
44. 뿔나비 110
45. 꼬마흰점팔랑나비 112
흰점팔랑나비 112
46. 멧팔랑나비 114
47. 지리산팔랑나비 116
48. 왕자팔랑나비 대왕팔랑나비 118
49. 왕팔랑나비 120
50. 유리창떠들썩팔랑나비 122
51. 푸른곱추재주나방 124
52. 포도유리날개알락나방
사과알락나방 굴뚝알락나방 126
53. 꼬리박각시 128
54. 벚나무박각시 130
55. 녹색박각시 132
56. 두줄제비나비붙이 134
57. 대왕박각시 136
58. 가중나무고치나방 138
59. 옥색긴꼬리산누에나방 140
긴꼬리산누에나방 140
60. 왕물결나방 산왕물결나방 142

딱정벌레목
61. 길앞잡이 144

62. 넓적사슴벌레 146
63. 왕사슴벌레 148
64. 톱사슴벌레 150
65. 사슴벌레 152
66. 두점박이사슴벌레 154
67. 참콩풍뎅이 156
68. 풍뎅이 158
69. 왕풍뎅이 160
70. 장수풍뎅이 162
71. 호랑꽃무지(범꽃무지) 164
72. 사슴풍뎅이 166
73. 대유동방아벌레 168
74. 왕빗살방아벌레 170
75. 무당벌레 172
76. 칠성무당벌레 174
77. 남생이무당벌레 176
78. 산맴돌이거저리 178
79. 먹가뢰(콩가뢰) 홍날개 180
80. 비단벌레 182
81. 남색초원하늘소 184
82. 알락하늘소 186
83. 먹주홍하늘소(붉은테검정하늘소) 188
84. 모자주홍하늘소 190

- 85. 홍가슴풀색하늘소 192
- 86. 벚나무사향하늘소 194
- 87. 뽕나무하늘소 196
- 88. (졸)참나무하늘소 198
- 89. 장수하늘소 200
- 90. 배자바구미 극동버들바구미 202
- 91. 황초록바구미 204
- 92. 혹바구미 206
- 93. 점박이길쭉바구미 208
- 94. 중국청람색잎벌레 210
- 95. 열점박이별잎벌레 212
- 96. 버들잎벌레 214
- 97. 사시나무잎벌레(황철나무잎벌레) 216
- 98. 왕거위벌레 218
- 99. 홍단딱정벌레 220
- 100. 멋쟁이딱정벌레 222

잠자리목

- 101. 아시아실잠자리 224
- 102. 등검은실잠자리 226
- 103. 노란실잠자리 228
- 104. 방울실잠자리 230
- 105. 묵은실잠자리 232
- 106. 청실잠자리 234
- 107. 물잠자리 236
- 108. 검은물잠자리 238
- 109. 꼬마잠자리 240
- 110. 배치레잠자리 242
- 111. 날개띠좀잠자리 244
- 112. 밀잠자리 중간밀잠자리 246
  큰밀잠자리 홀쭉밀잠자리 246
- 113. 고추잠자리 248
- 114. 깃동잠자리 250
- 115. 노란허리잠자리 252
- 116. 나비잠자리 254
- 117. 가시측범잠자리 256
- 118. 어리장수잠자리 258
- 119. 왕잠자리 260
- 120. 장수잠자리 262

메뚜기목

- 121. 베짱이 264
- 122. 실베짱이 266
- 123. 검은다리실베짱이 268
- 124. 줄베짱이 270
- 125. 중베짱이 272
- 126. 쌕쌔기 274
- 127. 긴꼬리쌕쌔기 276

128. 여치 278
129. 갈색여치 좀날개여치 280
130. 잔날개여치 282
131. 매부리 284
132. 땅강아지 286
133. 왕귀뚜라미 288
134. 방아깨비 290
135. 모메뚜기 292
136. 섬서구메뚜기 294
137. 등검은메뚜기 296
138. 벼메뚜기 298
139. 끝검은메뚜기 300
140. 각시메뚜기 302
141. 팥중이 304
142. 콩중이 306
143. 풀무치 308
144. 꼽등이 310

바퀴목
145. 사마귀 312
146. 왕사마귀 314
147. 좀사마귀 316

대벌레목
148. 대벌레 긴수염대벌레 318
     분홍날개대벌레 318

집게벌레목
149. 고마로브집게벌레 320
150. 못뽑이집게벌레 322

벌목
151. 양봉꿀벌 324
152. 토종꿀벌 326
153. 어리호박벌 328
154. 애기나나니 330
155. 호리병벌 332
156. 줄무늬감탕벌 334
157. 뱀허물쌍살벌 큰뱀허물쌍살벌 336
     꼬마장수말벌 336
158. 장수말벌 338
159. 일본왕개미 340
160. 가시개미 342

파리목
161. 아이노각다귀 344
162. 잠자리각다귀 346
163. 빌로오드재니등에 348

164. 검정우단재니등에 탕재니등에 350
    장미가위벌 왕가위벌 350
165. 쟈바꽃등에 352
166. 뒤영(뒤병)기생파리 354
167. 금파리 똥파리 356
168. 검정볼기쉬파리 358
169. 날개알락파리 360
170. 왕파리매 362

매미목
171. 쥐머리거품벌레 364
172. 끝검은말매미충 366
173. 남쪽날개말매미충 368
174. 부채날개매미충 370
175. 소요산매미 372
176. 털매미 374
177. 쓰름매미 376
178. 참매미 매미기생나방 378
179. 말매미 380
180. 풀매미 382

노린재목
181. 풀색노린재 384
182. 홍줄노린재 386
183. 분홍다리노린재 388
184. 대왕노린재 왕노린재 390
185. 다리무늬침노린재 392
186. 흰점빨간긴노린재 394
187. 두쌍무늬노린재 396
188. 광대노린재 398
189. 큰광대노린재 400
190. 장수허리노린재 402

수서곤충
191. 게아재비 404
192. 방게아재비 406
193. 장구애비 408
194. 소금쟁이 410
195. 송장헤엄치게 412
196. 물자라 414
197. 물장군 416
198. 물땡땡이 418
199. 검정물방개 420
200. 물방개 422

◆ 부록-곤충표본사진 425
◆ 곤충이름 찾아보기 438
◆ 학명 찾아보기 442

일러두기

1. 이 책은 우리나라에서 살고 있는 15,000여 종의 곤충 중 11목 76과 200종을 소개하였다. 종을 선정함에 있어서 선정 대상은 분류군의 크기에 비례하여 정하기보다는 우리가 주변에서 흔히 볼 수 있거나 누구나 잘 아는 종, 또는 꼭 알아야할 중요한 종을 위주로 선정하였다.

2. 각각의 종에 대해서는 ①국내외 분포 및 이름의 기원, ②형태적 특징, ③생태적 특성의 순으로 크게 구분하여 기술하였으며, 이 중 형태적 특징을 기술하는 부분은 전문 용어 대신 가능한 쉬운 일반 용어로 풀이하였다.

3. 곤충의 이름과 학명은 한국곤충총목록집(2010)을 따랐으며, 학명 중 명명자 이름 부분은 편의상 생략하였다.

4. 물에 사는 수서곤충은 분류학적 체계상으로는 딱정벌레목, 또는 노린재목에 속하지만, 일반인의 이해를 돕기 위해 별도로 구분하였다.

5. 이름이 유사하거나 형태가 비슷하여 혼돈하기 쉬운 종들은 추가로 사진과 설명을 덧 붙여 이해를 돕도록 하였다.

6. 부록으로 표본사진을 첨부함로써 생태사진만으로는 볼 수 없는 곤충의 자세한 모습을 알 수 있도록 하였다.

 목별 특성

나비목

나비목에는 나비와 나방을 아우르는데, 딱정벌레목 다음으로 두 번째로 큰 분류군이다. 우리나라에는 5과 약 280여 종의 나비가 기록되어 있으며, 나방은 무려 그 10배가 넘는 67과 3,400여 종이 기록되어 있다. 나비와 나방의 형태적인 가장 큰 차이점은 더듬이의 모양으로 구분되는데, 나비 더듬이가 막대형으로 끝이 곤봉처럼 생긴 반면, 나방의 더듬이는 빗살모양의 형태에 끝이 붓끝처럼 뾰족한 점이다. 이 같은 기본적인 차이는 나비는 낮에 활동하고 나방은 밤에 활동하는 생태적 특성과 관련이 있다.

딱정벌레목

딱정벌레목은 우리나라에만 100과 3,600 여종이 기록되어 있을 정도로 곤충 중에서 가장 큰 분류군이다. 이 들의 외형상 특징은 외골격이 단단한 보호막으로 덮여 있는 점이다. 이 외골격은 소위 딱지날개라고 불리는데, 실제 이동을 위한 한 쌍의 속날개는 딱지날개 속에 접힌 상태로 보호되어 있다. 딱정벌레목의 곤충들 중에는 날개가 퇴화되어 날지 못하거나 아예 없는 것도 있다.

잠자리목

잠자리목은 우리나라에 모두 11과 120여 종이 기록되어 있는 비교적 작은 분류군이지만, 유충기를 물에서 보내고 성충기는 육상에서 비행하며 생활한다는 점에서 매우 흥미로운 부류이다. 잠자리목은 실잠자리아목과 잠자리아목으로 크대 대분되며, 뱀잠자리나 뿔잠자리, 명주잠자리 등은 분류학적으로는 잠자리목에 속하지 않고 풀잠자리목에 속한다. 잠자리는 모두가 육식성이기 때문에 씹어먹는 입의 구조를 한다.

노린재목

노린재목에는 83과에 약 1,900여 종의 곤충이 서식하고 있는데, 이들은 육상에서 사는 것과 물에서 진화한 수서곤충들이 포함되어 있다. 형태적으로는 입이 모두 침으로 되어 있는 점이 특징이고, 육상에 사는 종들은 몸에서 냄새를 풍기는 특성이 있다. 또한 물 속에서 사는 수서곤충들은 아가미 없이 배끝 과 연결된 숨관을 통해 산소호흡을 하는 것이 특징이다.

메뚜기목

메뚜기목 곤충은 우리나라에 모두 11과에 약 160여 종이 기록되어 있는데, 날개가 퇴화되어 아예 없는 몇몇 종을 제외하고는 앞날개는 두꺼운 혁질로 되어 있고, 뒷날개는 부드럽고 얇은 막질로 되어 있는 점이 특징이다. 신체 구조상으로 뒷다리가 길고 튼튼하여 짧은 거리를 튀어서 이동하는 특성이 있다. 특히 알을 땅에 낳아야 하는 속성상 암컷들은 대부분 산란관이라는 부속기가 발달된 것이 많다. 식성은 초식이 대부분이어서 씹어 먹는 입의 구조를 하고 있다.

벌목

우리나라에 모두 58과 약 2,800 여 종이 기록되어 있는 비교적 큰 분류군으로서, 크기가 수 mm부터 수 cm 되는 것까지 매우 다양하다. 전 세계에서도 가장 작은 곤충이 수 미크론(μ) 밖에 안 되는 벌이 있을 정도로 벌은 작은 미소 곤충류에 속한다. 이처럼 작은 크기는 남의 몸에 기생하여 사는 일부 기생벌이나 고치벌들의 생태 특성에 따른 것이다. 벌류의 가장 두드러진 형태적 특징으로는 곤충 중에서 공격성 무기인 침을 갖고 있어 자신을 보호하거나 상대를 공격하는 무기로 사용한다는 점이다. 개미도 벌목에 속한다.

파리목

파리목 곤충은 우리나라에만 약 66과 약 1,300여 종이 보고되어 있는 분류군으로서 인간의 건강과 가장 직결되어 있는 위생곤충류가 주류를 이루고 있으나, 화분을 옮겨 수정을 도와주는 꽃등애류와 해충을 숙주로 삼아 기생하는 기생파리류 등의 익충들도 여기에 포함된다. 형태적으로는 핥아먹는 입의 구조를 하고 있는 점과, 날개가 한 쌍 퇴화되어 평행곤이라는 부속기가 달린 점이 특징이다.

나비목

딱정벌레목

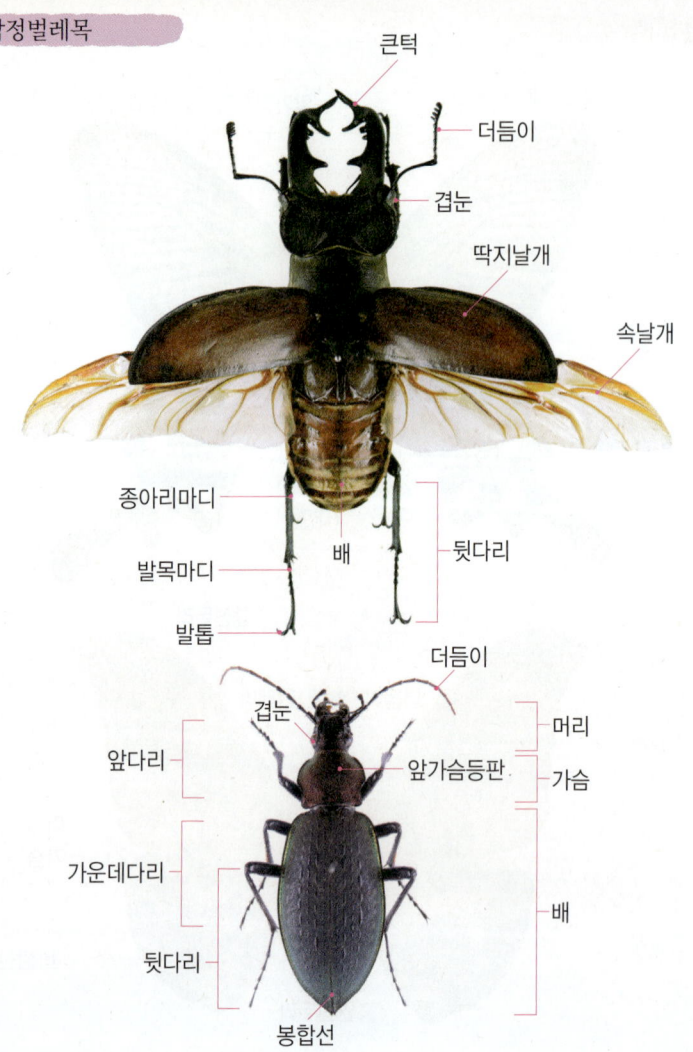

잠자리목

노린재목

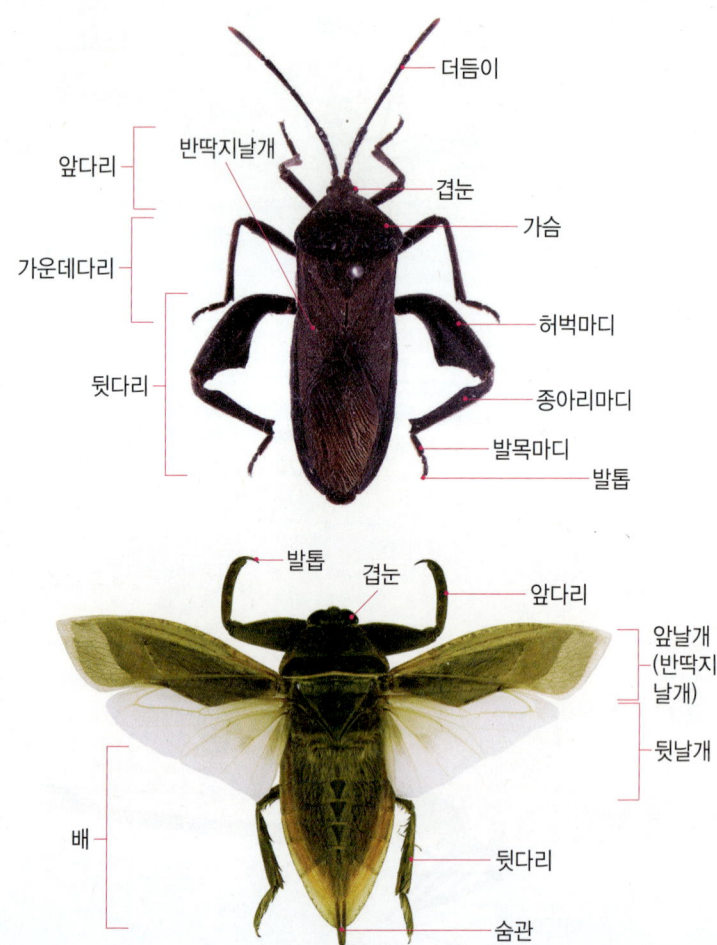

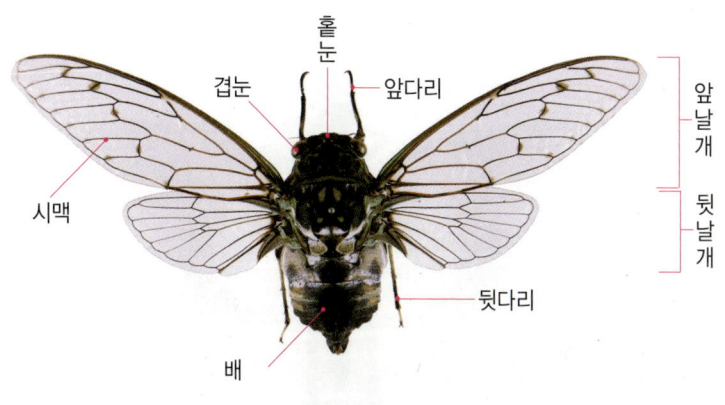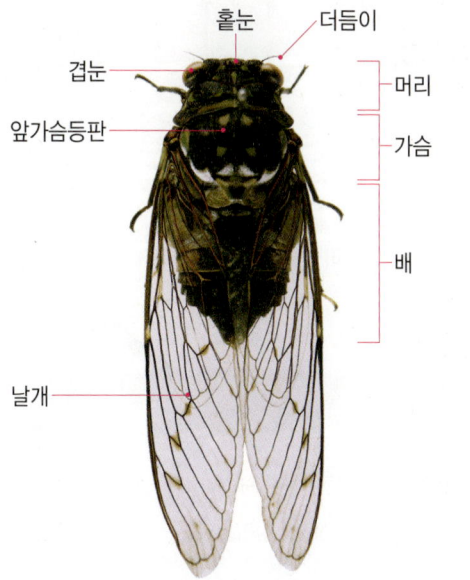

메뚜기목

벌목

파리목

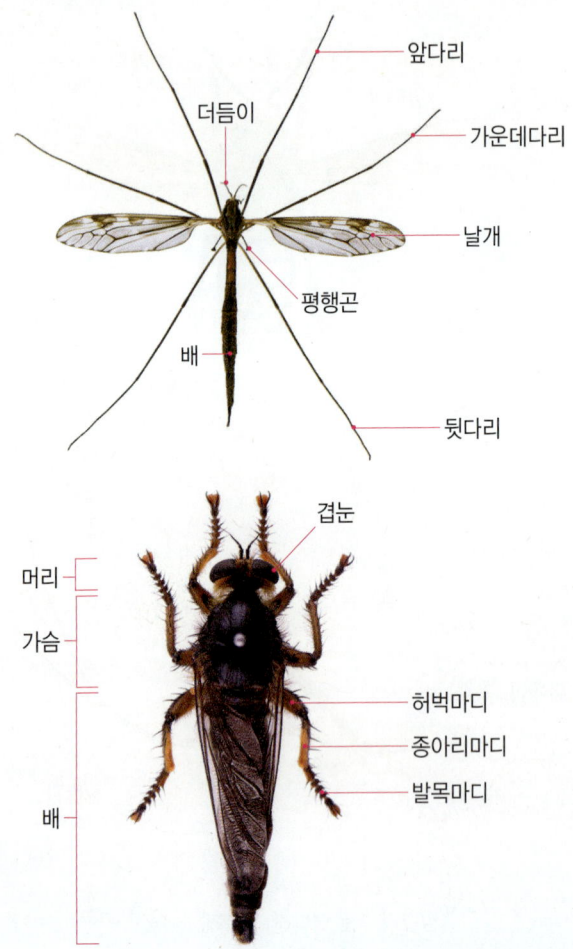

우리 곤충 200가지

1. 배추흰나비 *Artogenia rapae*

나비목 흰나비과

우리나라 산과 들, 어디서나 가장 쉽게 볼 수 있으며 오래전부터 우리들과 친숙하게 지내온 나비이다. 국외로는 아시아, 유럽대륙은 물론, 북아메리카와 남반구인 뉴질랜드까지 넓게 분포한다.

날개색은 전체적으로 흰바탕에 검은색 점무늬가 있으며, 암수는 색채와 무늬의 차가 뚜렷한 편인데, 암컷은 앞날개 중실에서부터 기부에 걸쳐 검은색 비늘이 퍼져 있고 검은색 무늬도 수컷에 비해 훨씬 발달되어 있다. 뒷날개의 아랫면은 황색비늘로 덮혀있다. 크기는 여름형이 봄형보다 약간 크다.

성충은 연 3~4회 발생하는데, 이른 곳에서는 3월 중순에, 늦은 곳에서는 4월 초순에 처음 나타나 계속 발생을 되풀이한다. 유충이 배추, 무, 양배추 등을 즐겨 먹으므로 농촌에서는 해충으로 취급되고 있다. 성충은 무, 엉겅퀴, 개망초, 고들빼기, 냉이 등 다양한 꽃에 모인다. 습지에서 물을 마시기도 한다. 번데기로 월동하는데, 유충시절에 고치벌에 의해 기생당하는 경우가 많다.

---

* **출현시기** 3월~4월 초순
* **사는곳** 배추밭, 야산
* **앞날개길이** 23~32mm
* **출현회수** 연 3~4회
* **월 동** 번데기

배추흰나비(수컷) 수컷은 앞날개의 검은색 무늬가 희미하다.

배추흰나비 뒷날개 아랫면이 어두운 황색이다.

배추흰나비(암컷) 암컷은 앞날개의 검은색 무늬가 수컷보다 크고 짙다.

2. 대만흰나비 *Artogeia canidia*

나비목
흰나비과

우리나라 전역에 분포하며, 국외에서는 중국, 태국, 미얀마를 거쳐 인도, 파키스탄에 이르는 동양의 아열대지역에 넓게 분포하지만 일본에서는 대마도에서만 볼 수 있다.

배추흰나비와 비슷하여 혼동하기 쉬우나, 배추흰나비에 비해 날개가 투명한 편이며, 뒷날개 시맥 끝에 검은 점이 있어 배추흰나비와 구별된다. 특히 앞날개 끝부분의 검은색 무늬가 배추흰나비는 거의 직선에 가깝지만 대만흰나비는 지그재그 모양이다. 암컷은 수컷보다 앞날개의 검은색 무늬가 넓게 발달되어 있으며 여름형이 봄형보다는 크기가 더 크고 검정색 무늬도 훨씬 발달되어 있다.

성충은 연 3회 이상 발생하는데, 봄형은 4월 초에 나타나고 여름형은 5월 하순부터 나타나 9월말까지 볼 수 있다. 풀밭에서 비교적 빨리 날면서 엉겅퀴나 개망초, 마디풀, 메밀 등의 꽃에서 꿀을 빤다. 식초는 나도냉이이다.

---

* **출현시기** 4월 초(봄형), 5월 하순~9월 말(여름형)
* **출현회수** 연 3회 이상
* **사 는 곳** 풀밭, 배추밭
* **월   동** 번데기
* **앞날개길이** 19~27mm

대만흰나비 대만흰나비는 배추흰나비보다 날개가 투명하고 뒷날개의 아랫면이 흰색이다.

개망초 꽃에 앉은 대만흰나비.

대만흰나비(여름형) 여름형은 5월 하순부터 출현하여 9월말까지 볼 수 있다.

3. 큰줄흰나비 *Artogeia melete*

**나비목
흰나비과**

우리나라 어디서나 쉽게 볼 수 있는 나비이다. 국외에는 일본, 중국, 시베리아 등에 분포한다.

앞날개 길이가 25~30㎜가 되어 흰나비 중에서는 큰 종이다. 날개는 전체적으로 흰색이며 그 위로 시맥을 따라 검정색이 발달하였다. 암컷의 날개는 수컷보다도 크며 앞날개 윗면의 검은색 무늬도 훨씬 강하게 발달해 있다.

성충은 연 2~3회 발생하는데 5월에서 9월까지 나타난다. 평지보다 산지의 숲 가장자리 양지바른 곳에서 즐겨 산다. 개망초를 비롯한 여러 가지 꽃의 꿀을 빨며 천천히 날아다닌다. 날씨가 무더운 여름 한낮에는 여러 마리가 습지에 모여 물을 빠는 습성이 있다. 식초는 갯장대, 미나리냉이, 바위장대, 무, 배추 등이며 암컷은 식초 잎 뒷면에 1개씩 알을 낳는다. 번데기로 월동한다.

---

* **출현시기** 5월~9월
* **출현회수** 연 2~3회
* **사 는 곳** 산지의 숲 주변
* **월   동** 번데기
* **앞날개길이** 25~35mm

큰줄흰나비 날개의 윗면은 검정색이 많이 발달하였다.

큰줄흰나비 날개의 아랫면도 시맥을 따라 검정색이 굵게 발달하였다.

4. 노랑나비 *Colias erate*

나비목
흰나비과

배추흰나비와 더불어 우리나라에서 가장 흔한 나비 중 하나이다. 우리나라 전역에서 볼 수 있으며 국외로는 중국, 러시아, 인도까지 분포한다.

날개색은 노랑 바탕에 검은색 무늬와 점 무늬가 있다. 수컷은 윗날개 바탕색이 모두 노랑색이지만 암컷은 노랑색과 흰색의 두 가지 형이 나타난다.

4월에서 10월에 걸쳐 연 3회 정도 발생하는데, 따뜻한 남부지방에서는 그 이상 출현하는 경우도 있다. 나는 모습은 배추흰나비 보다 훨씬 민첩하며 경계심 또한 매우 강한 편이다. 양지 바른 풀밭이나 꽃 위를 빠르게 날아다니며 민들레, 백일홍, 개망초, 엉겅퀴, 토끼풀, 무, 유채 등의 꽃에서 꿀을 빤다. 식초는 자운영, 토끼풀 등 콩과식물이다. 교미를 마친 암컷은 식초 위에 길쭉한 원추형의 알을 하나씩 세워 낳는데, 잎을 먹고 자란 종령유충은 식초 줄기에 실을 토해 몸을 묶고 번데기를 짓는다. 애벌레로 월동한다.

＊출현시기 4월~10월　**＊출현회수** 연 3~4회　**＊사는곳** 숲, 풀밭, 도로가
＊월　　동 애벌레　**＊앞날개길이** 20~30mm

노랑나비(암컷, 흰색형) 노랑나비 암컷은 노랑색형과 흰색형이 있다.

노랑나비류는 흰나비류보다 빨리 날며 훨씬 경계심이 강하다.

노랑나비(수컷) 엉겅퀴 꽃에 앉은 노랑나비.

5. 남방노랑나비 *Eurema hecabe* 나비목 흰나비과

주로 남부지방에 서식하는 나비로서 남방계 곤충의 대표적인 종이지만 최근에는 온난화의 영향으로 중부 지방까지 북상하고 있다. 국외로는 일본 및 인도, 호주까지 넓게 분포한다.

날개색은 짙은 노랑색 바탕에 앞날개 끝부분에 검은색이 삼각형 모양으로 발달하였다. 날개 아랫면에는 작은 점무늬가 전체적으로 나있다. 봄형과 여름형 모두 수컷의 노랑색이 암컷보다 더 짙다.

성충은 연 3회 이상 출현하는데, 제1화 성충이 5월에 나타나며 그 후 계속 발생을 되풀이하여 늦가을까지 볼 수 있다. 제주지역에서는 12월 초까지도 볼 수 있다. 가을형 성충은 그대로 월동하여 다음해 이른 봄에 짝짓기하고 산란 후 죽는다. 성충으로 월동하기 때문에 겨울에도 기온이 따뜻한 날에는 잠에서 깨어 활동하는 모습을 볼 수 있다. 낮은 산지의 풀밭, 길가를 천천히 날며, 개망초, 꿀풀 등 여러 꽃에서 꿀을 빤다. 한 여름에는 습지에 무리를 지어 물을 빠는 모습을 흔히 볼 수 있다. 식초는 비수리, 자귀나무 등이다.

---

* **출현시기** 5월~11월   * **출현회수** 연 3회   * **사 는 곳** 풀밭
* **월   동** 성충   * **앞날개길이** 17~22mm

남방노랑나비 예전에는 남부지방에서만 살던 남방계 곤충이었지만, 최근 온난화로 인해 중부지방까지 북상하였다.

습지에 앉아 물을 빠는 남방노랑나비.

풀잎에 앉아 잠시 쉬고 있는 남방노랑나비.

6. 모시나비 *Parnassius stubbendorfii*

나비목
호랑나비과

우리나라 전역에서 볼 수 있으며, 국외로는 일본, 사할린, 중국, 우수리 등에 분포한다.

모시적삼처럼 희고 매끄러운 날개를 가졌다 하여 모시나비라 불린다. 날개에 비늘가루가 적고 투명한 부분이 많은 원시날개형을 하고 있는 종이다. 날개 형태는 둥그스름하며 뒷날개꼬리는 없다. 전체적으로 흰바탕에 별도의 무늬는 없으며 몸색은 검정색이다. 몸에는 털이 많이 나있다.

성충은 연 1회 발생하는데, 5월 초순에 나타나 6월 초순경에는 모습을 감춘다. 양지 바른 풀밭 위나 숲 가장자리, 또는 도로변을 천천히 날아다니면서 엉겅퀴, 찔레꽃 복분자꽃 등에서 꿀을 빤다. 이 종은 교미가 끝나면 수컷이 암컷의 배 끝에 수태낭을 붙여 암컷이 다른 수컷과 더 이상 짝짓기를 하지 못하게 하는 독특한 생태를 보인다. 암컷은 식초인 현호색(또는 들현호색)이 있는 근처 돌, 또는 마른 잎에 한 개씩 산란한다. 알로 월동한다.

---

* **출현시기** 5월   * **출현회수** 1회
* **사 는 곳** 키큰 나무가 없는 야산이나 경작지 주변
* **월 동** 알   * **앞날개길이** 26~30mm

모시나비
모시적삼처럼 희고 매끄러운 날개를 가졌다 하여 모시나비라고 불린다.

모시나비 날개는 비늘가루가 적은 원시날개형이다.

모시나비 중에는 날개색이 검은 개체도 있다.

7. 붉은점모시나비 *Parnassius bremeri*

나비목
호랑나비과

제주도를 제외한 남해안 일대를 비롯하여 중부 내륙, 강원, 그리고 DMZ 일대 까지 넓게 분포한다. 국외로는 티베트, 중국, 시베리아 등지에 널리 분포한다. 1970년 대 까지만 해도 전국적으로 분포하였으나 채집가들의 무분별한 포획과 서식지 파괴로 인해 그 수가 급격히 줄었다. 현재 환경부 지정 멸종위기종(1급)으로 지정되어 있는 보호종이다.

날개색은 흰백색 바탕에 앞날개에는 검은 무늬가 있고, 뒷날개에는 원형의 붉은색 무늬가 있다. 특히 뒷날개에 있는 붉은점은 날개 윗면보다 아랫면에 더욱 선명하게 나있다.

성충은 연 1회 발생하는데, 5월 초순에 나타나 중순에 최성기를 이루며 6월 초순에는 모습을 감춘다. 교미가 끝난 수컷은 암컷의 배 끝에 수태낭을 붙여 암컷이 다른 수컷과 더 이상 짝짓기를 하지 못하게 한다. 양지 바른 풀밭 위를 천천히 날아다니면서 복분자꽃이나 엉겅퀴, 기린초, 찔레꽃 등에서 꿀을 빤다. 암컷은 식초인 기린초 주변에 있는 지표의 죽은 잔가지나 돌, 마른 잎 등에 한 개씩 산란한다.

---

*출현시기 5월 *출현회수 1회 *사는곳 키큰 나무가 없는 야산, 철로 주변
*월   동   알   *앞날개길이 30~40mm

붉은점모시나비 짝짓기를 마친 수컷은 암컷의 배끝에 수태낭을 만든다.

붉은점모시나비(암컷) 암컷은 붉은 점이 수컷보다 더욱 크고 선명하다.

붉은점모시나비(유충) 식초인 기린초를 갉아 먹는 3령 유충.

8. 꼬리명주나비 *Sericinus montela*

나비목
호랑나비과

날개꼬리가 유난히 길어서 꼬리명주라는 이름이 붙었다. 우리나라 전역에 넓게 분포하며 국외에는 중국, 아무르지방, 연해주 등지에 분포한다. 우리나라 나비 중에서 가장 우아하고 아름답게 나는 나비 중 하나이며 개체수도 비교적 많은 편이다.

이 나비는 암수의 날개색이 전혀 다른 종으로서 수컷은 밝은 황백색을 띠지만 암컷은 어두운 흑갈색을 띤다. 크기는 봄 형이 작고 여름 형이 크다. 날개 꼬리도 여름형이 봄형에 비해 월등히 길다. 뒷날개 끝부분에 돌출한 긴 꼬리가 특징이다. 더듬이는 다른 나비들에 비해 짧고 반면에 배는 유난히 길다. 암수 모두 뒷날개는 선명한 붉은색 무늬가 있다.

연 2회 발생하는데, 봄형은 4월 중순에서 5월 중순까지 나타나고, 여름형은 6월 중순부터 8월 말까지 볼 수 있다. 성충은 밭두렁이나 산기슭에서 식초인 쥐방울덩굴 주위를 낮게 천천히 날아다닌다. 교미를 마친 암컷은 쥐방울덩굴의 잎 뒤나 줄기에 5~10개 정도의 알을 낳으며 알에서 부화한 유충은 한동안 군집생활을 한다. 번데기상태로 월동한다.

* **출현시기** 4~5월(봄형), 6~8월(여름형)
* **출현회수** 2회
* **사 는 곳** 밭두렁 주위, 산자락 주변
* **월　　동** 번데기
* **앞날개길이** 봄형 25~32mm, 여름형 26~38mm

꼬리명주나비(수컷) 나뭇잎에서 쉬고 있는 여름형 수컷. 여름형은 봄형보다 날개꼬리가 길다.

꼬리명주나비(암컷) 암컷은 짙은 갈색을 띤다.

꼬리명주나비 알 알은 쥐방울덩굴의 줄기나 잎에 낳는다.

꼬리명주나비 유충 1~2령기의 유충들은 한 곳에 모여 사는 습성이 있다.

9. 애호랑나비 *Luehdorfia puziloi* 나비목 호랑나비과

부속 도서를 제외한 우리나라 전역에서 볼 수 있다. 국외로는 일본, 시베리아, 중국 북동부까지 널리 분포한다.

날개의 호랑무늬가 특징적이다. 몸색은 검정색으로서, 수컷은 잔털이 많은 반면, 암컷의 몸에는 털이 없다. 교미를 마친 암컷의 배 끝에는 수컷이 만든 수태낭이 생긴다.

번데기로 월동하는 나비중에서는 가장 먼저 우화하기 때문에 예전에는 〈이른봄애호랑나비〉라 불렸다. 이 나비의 출현 시기는 진달래꽃의 개화시기와 거의 일치한다. 따라서 남쪽 지방에서는 3월 중순경부터 볼 수 있는가하면, 소백산이나 함백산 정상 부근에서는 5월 초까지도 볼 수 있다. 특히 얼레지꽃을 좋아하며, 진달래나 철쭉, 모데미풀 등 이른 봄에 피는 꽃들을 찾는다. 유충의 식초는 족도리풀 한 가지뿐이며, 암컷은 족도리풀의 잎 뒷면에 10~15개씩 알을 낳는다. 알은 광택이 있는 초록색으로 마치 진주처럼 생겼다. 부화한 유충은 잎을 먹으며 자라다 종령 유충이 되면 낙엽이나 돌 밑에서 번데기가 되어 이듬해 봄까지 우화를 기다린다. 유충은 검정색을 띠며 털이 많다.

---

* **출현시기** 3월말~5월초   * **출현회수** 연 1회   * **사 는 곳** 산지
* **월　　동** 번데기   　　　* **앞날개길이** 25mm

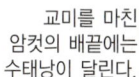

애호랑나비(암컷)
산란을 위해 족도리풀에 앉았다.

교미를 마친
암컷의 배끝에는
수태낭이 달린다.

꽃잔디의 꿀을 빠는
애호랑나비

10. 호랑나비 *Papilio xuthus*

나비목
호랑나비과

이 나비는 우리 민족과 가장 친숙한 종으로 널리 알려져 있는 나비이다. 우리나라 전역에서 볼 수 있으며 개체수도 많다. 국외에는 일본, 아무르, 중국에서 미얀마에 걸쳐 넓게 분포한다.

날개색은 전체적으로 황백색 바탕에 검은 줄무늬가 시맥을 따라 발달하였다. 뒷날개 끝에는 꼬리돌기가 있다.

성충은 연 3회 발생하는데, 제 1화 발생은 4월 중순~5월 하순, 제 2화는 6월초순~7월 말, 제 3화는 8월 하순~10월 초순경에 나타난다. 월동한 번데기에서 우화한 봄형은 여름형에 비해 작고 무늬가 선명하다. 6월경부터 출현하는 제 2화 및 그 이후의 것은 여름형이 된다. 유충은 탱자나무, 귤나무, 산초나무, 황벽나무 등 운향과 식물을 먹으며 2~3령 때는 새똥 같이 보이지만 5령(종령)이 되면 황록색으로 변하면서 배다리 윗부분에 흰색 무늬가 발달하여 다른 호랑나비과의 유충들과 쉽게 구별된다. 성충은 고추나무, 엉겅퀴, 누리장나무, 백일홍, 파리풀, 솔채꽃, 파꽃 등 여러 꽃에서 꿀을 빤다.

---

* **출현시기** 4월 중순~5월 하순, 6월 초순~7월 말, 8월 하순~10월 초순
* **출현회수** 3회   * **사는곳** 야산이나 초지   * **월 동** 번데기
* **앞날개길이** 40~60mm

호랑나비 봄형은 4월부터 출현하며, 여름형은 6월부터 출현한다.

산초 잎을 먹는 호랑나비 유충
호랑나비 유충은 탱자나무, 귤나무, 황벽나무 등 운향과 식물의 잎을 먹고 자란다.

귤나무 잎에 낳은 호랑나비의 알

호랑나비 번데기

11. 산호랑나비 *Papilio machaon*

**나비목
호랑나비과**

우리나라 전역에서 볼 수 있고, 국외로는 아시아대륙과 대만, 중국, 히말라야, 유럽에 널리 분포한다.

호랑나비와 비슷하게 생겼지만 호랑나비보다 날개의 노랑색이 더 발달하고 앞날개 기부에 검은 줄무늬가 없다. 암수에 따른 무늬 차이는 거의 없고 크기도 크게 다르지 않다. 다만 하형이 춘형보다 더 크고 노랑색이도 더 짙다.

평지보다는 주로 산에 살며, 특히 높은 산 정상에 모이기를 좋아한다. 연 2회 발생하는데, 제1화(춘형)는 5월 초순에 출현하고, 제2화(하형)는 7월에 우화한다. 봄형은 번데기로 월동한 개체들이고 가을형은 5월에 우화한 성충이 난 알이 부화하여 자란 것이다.

유충은 백선이나 당귀, 구릿대 등 미나리과 식물을 주로 먹으며 자라는데, 손으로 건드리면 머리에서 주황색의 뿔을 내밀어 고약한 냄새를 풍긴다. 반면에 성충은 몸에서 향수냄새처럼 좋은 향이 나는데, 이는 유충기에 먹는 식초와 관련이 있다. 성충은 산에 피는 라일락이나 큰까치수영 꽃 등을 좋아한다.

---

* **출현시기** 5월 초순(춘형), 7월(하형) * **출현회수** 2회 * **사 는 곳** 산지
* **월   동** 번데기 * **앞날개길이** 36~60mm

산호랑나비 호랑나비보다 날개의 노랑색이 더 발달하였다.

산호랑나비 유충 산호랑나비 유충은 백선이나 당귀, 구릿대 등 미나리과 식물을 먹고 자란다.

12. 제비나비 *Papilio bianor*

**나비목
호랑나비과**

우리나라 전역에서 볼 수 있는 비교적 흔한 종이다. 국외에는 일본, 중국, 우수리, 사할린 및 미얀마 북부 등지에 분포한다. 날개꼬리가 제비꼬리처럼 생겼을 뿐 아니라 제비처럼 색이 검고, 또 빠르게 날기 때문에 붙여진 이름이다.

전체적으로 검은 색을 띤 날개의 무늬는 암수 차이가 거의 없으며 여름형이 봄형에 비해 훨씬 크다. 앞날개는 검은 바탕에 녹색 비늘가루가 발달하고, 뒷날개는 청색 비늘이 날개 모양을 따라 선명하게 나있다. 날개 아랫면은 검은 바탕에 회색선 무늬와 핑크색 점무늬가 있다.

연 2회 발생하는데 봄형은 4~6월에, 여름형은 7~8월에 나타난다. 평지나 산지 어디에서나 볼 수 있으며 간혹 도심 한복판에서도 볼 수 있다. 날갯짓이 빠르며 진달래, 라일락, 나리꽃, 고추나무, 쉬땅나무, 누리장나무, 자귀나무 등의 꽃에서 꿀을 빤다. 여름에는 여러 마리가 습지에 모여 물을 빨기도 한다. 유충의 식초는 산초나무, 머귀나무, 황벽나무 등 운향과 식물이다. 번데기로 월동한다.

---

* **출현시기** 봄형은 4월~6월에 출현하고, 여름형은 7월~8월
* **출현회수** 2회　* **사는곳** 평지, 산지　* **월　동** 번데기
* **앞날개길이** 40~70mm

제비나비
제비나비는 나리꽃류를 특히 좋아한다.

철쭉꽃에서 꿀을 빠는 제비나비.

제비나비 유충 제비나비 유충의 머리는 뱀같이 생겼다. 눈처럼 보이는 무늬는 가짜 눈으로서 무섭게 보이게 하려는 '의태'이다.

제비나비는 습지에 여러 마리가 모여 물을 빠는 습성이 있다.

13. 사향제비나비 *Atrophaneura alcinous*

나비목
호랑나비과

나비의 몸에서 은은한 향기를 내기 때문에 사향이라는 이름이 붙었다. 우리나라 전역에 분포하며 개체 수는 비교적 많은 편이다. 국외로는 일본, 중국, 대만 등지에 널리 분포한다.

이 나비는 암수의 날개색이 서로 다른 종이다. 수컷의 날개는 검고 광택이 있으나 암컷의 날개는 황갈색이다. 긴꼬리제비나비와 유사하지만 가슴과 배의 측면에 붉은 무늬가 있어 쉽게 구별된다.

연 2회 발생하는데, 봄형은 5~6월에 출현하고 여름형은 7~8월에 나타난다. 여름형은 봄형에 비해 크기가 크다. 평지나 산기슭에 많이 살며 천천히 난다. 성충은 라일락, 파꽃, 신나무, 쉬땅나무, 누리장나무 등의 꽃에서 꿀을 빨기도 하고 습지에서 물을 마시기도 한다. 교미를 끝낸 암컷은 꼬리명주나비와 마찬가지로 쥐방울덩굴이나 등칡의 잎 아랫면에 5~10개씩 주황색의 둥근 알을 낳는데, 깨어난 유충은 잎을 먹고 자란 뒤 식초 줄기에 몸을 묶고 번데기가 된다. 7~8월에 우화한 여름형 성충이 난 알에서 깬 유충들은 9~10월에 번데기가 된 뒤, 그대로 월동에 들어간다.

---

* **출현시기** 봄형은 5~6월에 출현하고, 여름형은 7~8월   * **출현회수** 2회
* **사 는 곳** 평지나 산기슭   * **월   동** 번데기   * **앞날개길이** 40~70mm

사향제비나비(암컷)
파꽃을 찾은 사향제비나비.

사향제비나비(암컷)
식초인 쥐방울덩굴 잎에
산란하고 있다.

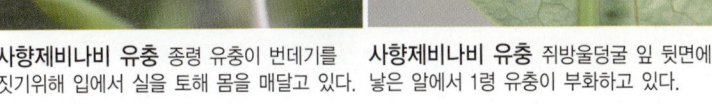

사향제비나비 유충 종령 유충이 번데기를 짓기위해 입에서 실을 토해 몸을 매달고 있다.

사향제비나비 유충 쥐방울덩굴 잎 뒷면에 낳은 알에서 1령 유충이 부화하고 있다.

14. 청띠제비나비 *Graphium sarpedon*

나비목
호랑나비과

제주도를 비롯한 울릉도, 거제도, 완도, 흑산도 등 도서지방과 후박나무가 사는 따뜻한 남부지방에 주로 분포한다. 국외로는 일본, 대만, 필리핀, 말레이시아를 포함한 동남아 전역을 비롯하여 뉴기니아와 호주까지 널리 분포한다.

날개의 색은 전체적으로 검은 바탕에 중앙으로 청록색의 띠무늬가 시맥을 따라 그레데이션(gradation)을 이루며 아름답게 그려져 있다. 이 띠무늬는 봄형에서는 폭이 넓게 나타나고, 여름형에서는 약간 좁게 나타나는 반면, 청색은 더 짙어진다. 날개 꼬리는 없다.

성충은 연 2회 발생하는데 나무 위에서 여러 마리가 서로 꼬리를 물고 빠르게 줄지어 날며 텃세 행동을 하거나 습지에서 물을 마시는 모습을 흔히 볼 수 있다. 이 나비는 공중에서는 민첩하게 날아다니지만 일단 땅에 내려와 물을 빨 때는 가까이 접근해도 모를 정도로 쉽게 경계심을 잃는다. 암컷은 녹나무나 후박나무 등 기주식물의 잎 뒷면에 하나씩 알을 낳는다. 갓 부화한 애벌레는 검은 밤색이지만 차츰 어두운 노란색으로 변하다가 번데기 직전에는 녹색을 띤다. 번데기로 겨울을 난다.

---

*출현시기 봄형은 5월경, 여름형은 6~9월   *출현회수 연 2회
*사 는 곳 섬지방, 가로수 주변   *월동 번데기   *앞날개길이 35~45mm

청띠제비나비
날개를 접으면 부메랑같이 생긴
청띠무늬가 아름답게 보인다.

빨대는 검정색이다.

무더운 날에는 습지에 앉아
물을 빠는 습성이 있다.

15. 부전나비 *Lycaeides argyronomon*

나비목
부전나비과

우리나라 전역에 분포하며 개체수도 많다. 국외에는 유라시아대륙 북부에서 북미대륙 북부까지 넓게 분포한다.

암수의 날개색이 서로 다른 종으로서 수컷의 날개 윗면은 고르게 청람색인 반면, 암컷의 윗 날개는 흑갈색이다. 그러나 날개 아랫면은 암수의 무늬가 거의 같으며, 날개 가장자리를 따라 주황색의 점박이 무늬가 줄지어 있는 것이 특징이다.

성충은 5월에서 10월까지 연 수회 발생하며 양지 바른 논밭 주변과 야산에 많이 산다. 토끼풀과 돌나물, 기린초, 싸리나무 등의 꽃을 좋아한다. 행동반경은 넓지 않으며, 한 곳에 수 십 마리가 떼 지어 나무에 붙어 있거나 땅에서 물을 빠는 경우가 많다. 유충의 식초는 매듭풀과 갈퀴나물, 사철쑥 등이다. 알로 월동한다.

---

* **출현시기** 5~10월
* **출현회수** 연 수회
* **사 는 곳** 논밭 주변, 야산
* **월   동** 알
* **앞날개길이** 13~17mm

부전나비 부전나비는 날개 아랫면의 주황색 띠가 특징이다.

부전나비 수컷의 날개색은 청람색이다.

짝짓기 하는 부전나비.
날개 뒷면의 무늬는 암수가 비슷하다.

부전나비 암컷의 날개색은 갈색이다.

16. 푸른부전나비 *Celastrina argiolus*

나비목
부전나비과

우리나라 전역 어디서나 흔하게 볼 수 있으면서도 매우 아름다운 종이다. 국외에는 일본에서부터 사할린, 유라시아 대륙까지 넓게 분포한다.

암수 모두 푸른색이지만 수컷은 날개 윗면이 밝은 청람색이며 날개 끝 부분(외연)에는 검정색 테가 가늘게 둘러져있다. 반면에 암컷은 검정테가 수컷보다 더 두껍게 나타난다. 날개 아랫면은 암수 모두 은회색 바탕에 작고 검은 점무늬가 있다. 날개 끝에 돌기는 없다.

성충은 3월부터 10월까지 연 수회 계속하여 나타나는데, 평지나 산지의 숲 가장자리, 논밭 주변, 풀밭, 인가 주변 등에서 천천히 날며 제비꽃, 토끼풀, 신나무, 고들빼기, 얇은잎고광나무 등의 꽃을 찾는다. 다른 부전나비들처럼 꿀을 빨 때나 앉아 있을 때 뒷날개를 서로 비비는 습성이 있다. 그런가 하면 물가나 산길 습지에서 수십 마리가 무리지어 물을 빠는 모습을 볼 수 있다. 유충의 식초는 싸리꽃, 고삼, 아까시나무 등이다. 번데기로 월동한다.

유사종으로는 회령푸른부전나비(*Celastrina areas*)가 있다.

---

*출현시기 3~10월 ***출현회수** 연 수회 ***사는곳** 야산, 숲 가장자리, 풀밭
*월   동 번데기 ***앞날개길이** 13~16mm

푸른부전나비 날개 뒷면은 은회색 바탕에 작고 검은 점무늬가 있다.

회령푸른부전나비 날개색이 보라색에 가깝다.

푸른부전나비 날개색이 청색에 가깝다.

17. 암먹부전나비 *Everes argiades*

나비목 부전나비과

우리나라 전역에서 볼 수 있는 흔한 종이다. 국외로는 일본, 중국, 대만, 극동 러시아, 티벳, 유럽 등에 널리 분포한다. 암 수의 날개색이 서로 다른 종으로서 암컷의 날개가 어두운 갈색이기 때문에 붙여진 이름이다. 먹부전나비(*Tongeia fischeri*)와 유사종이다.

날개를 편 길이는 20~30mm 정도로 작은 소형 나비에 속하며 뒷날개 끝에 꼬리모양 돌기가 있다. 수컷은 날개 윗면이 파란색이며, 바깥 가장자리에 검정색 테가 둘러져 있다. 암컷의 날개 윗면은 짙은 흑갈색이며 뒷날개 바깥 가장자리와 안 가장자리 근처에 2개의 흑색 점무늬와 주홍색 점무늬가 있다. 날개 아랫면은 회백색이고 앞날개 가장자리를 따라 흑색 점무늬가 두 줄로 나 있으며, 뒷날개에는 전체에 흑색 점무늬가 불규칙하게 있다. 뒷날개 가장자리 꼬리 부분에는 주홍색 바탕에 검정색의 점무늬가 2개 있다.

성충은 3월부터 9월까지 수회에 걸쳐 출현하는데, 들판이나 산지의 풀밭에서 흔히 볼 수 있다. 어른벌레는 복분자, 무, 냉이, 개망초, 싸리 등의 꽃에서 꿀을 빨며, 애벌레는 등, 칡, 싸리, 갈퀴나물 등의 잎을 먹고 자란다. 번데기로 월동한다.

* **출현시기** 3~9월　* **출현회수** 연 3~4회　* **사는곳** 들판, 산지
* **월　　동** 번데기　* **앞날개길이** 12~14mm

암먹부전나비(수컷)
수컷은 날개색이 청람색이다.
뒷날개에는 작은 꼬리돌기가 있다.

암먹부전나비(암컷)
암컷의 날개색은 짙은 흑갈색이다.

암먹부전나비 한 쌍이
엉겅퀴 꽃 위에서
잠을 자고 있다.

18. 작은주홍부전나비 *Lycaena phlaeas*

나비목 부전나비과

울릉도를 제외한 우리나라 전역에서 볼 수 있다. 국외로는 일본, 중국, 러시아, 히말라야 및 유럽전역에 걸쳐 넓게 분포하고 있다.

날개 무늬는 암수 차이가 거의 없으나 생김새가 수컷은 앞날개 끝이 뾰족하며 암컷에 비해 약간 작은 편이다. 이 종은 예외적으로 여름형이 봄형보다 크기가 작은 것이 특징이며, 날개 윗면의 주황색부위에는 검은색이 발달되어 있다. 날개색은 여름형이 봄형보다 검은색이 더 짙게 나타난다.

발생횟수는 정확하지 않으나 4월에서 10월까지 3~4회 정도 출현하는 것으로 알려지고 있다. 봄형은 4월부터 나타나고 여름형은 6월 하순에 나타나며 가을에도 기온이 높은 곳에서는 출현한다. 성충은 양지 바른 풀밭이나 길가에서 살며 민첩하게 날아다닌다. 민들레, 미나리아재비, 나무딸기, 엉겅퀴, 개망초, 유채 등의 꽃에 모인다.

애벌레로 월동한 후 이른 봄에 번데기가 되는데, 월동한 애벌레는 몸색이 적색으로 바뀐다. 식초는 마디풀과의 수영 또는 애기수형이다. 유사종으로는 큰주홍부전나비(*Lycaena dispar*)가 있다.

---

* **출현시기** 4~10월   * **출현회수** 3~4회   * **사 는 곳** 야산, 밭 주변
* **월   동** 애벌레   * **앞날개길이** 15~16mm

작은주홍부전나비 작은주홍부전나비는 특히 개망초 꽃을 좋아한다.

작은주홍부전나비 뒷날개에는 검은색이 발달하였다.

작은주홍부전나비 뒷날개 아랫면은 주홍색의 띠가 있다.

19. 네발나비 *Polygonia c-aureum*

나비목
네발나비과

우리나라 전역에서 가장 흔하게 볼 수 있는 나비 중 하나이다. 국외에는 일본, 대만, 중국 및 아무르지방에 넓게 분포한다.

예전에는 〈씨알붐나비〉로 불려져 왔으나 네발나비로 이름이 바뀌었다. 곤충의 다리는 여섯 개이지만 행동이 민첩한 나비들은 앞다리 한 쌍을 사용하지 않아 퇴화되었기 때문에 네 개의 다리만 있는 것처럼 보인다. 따라서 이들 나비들을 모두 네발나비과로 분류하고 있다.

이 나비는 날개의 바깥 가장자리선이 톱날모양을 하는 것이 특징이다. 여름형은 날개 윗면이 황갈색을 띠지만 가을형은 윗면이 붉은색이나 적갈색을 띤다. 암수에 따른 무늬의 차이는 없다.

연 3회 이상 발생하는데, 월동한 성충은 보통 3월 말부터 나타나지만 그 전에도 따뜻한 날에는 날아다니는 것을 볼 수 있다. 제 1화는 6월에 나타나며 제 2화는 7월 중순에 나타나고, 제 3화는 9월 이후부터 출현하여 날씨가 추워질 때까지 활동한다. 서리가 내릴 때쯤 되면 성충은 돌이나 낙엽 밑에 들어가 성충으로 월동한다. 비교적 천천히 날며 다양한 꽃에서 꿀이나 과일 등의 즙을 빤다. 식초는 환삼덩굴이다.

* **출현시기** 3월 말~6월. 7월 중순, 9월 이후   * **출현회수** 연 3회 이상
* **사 는 곳** 야산, 도로변 풀밭   * **월동** 성충   * **앞날개길이** 28~30mm

네발나비 네발나비들이 늦가을 추수를 앞둔 콩밭에 모여 앉았다.

네발나비의 성충은 주로 돌 밑에서 월동한다.

이른봄 겨울잠에서 깨어난 월동개체가 햇볕을 쬐고 있다.

20. 청띠신선나비 *Kaniska canace*

나비목
네발나비과

우리나라 전역에 분포하는 흔한 나비로서 검은 바탕에 푸른색 띠가 선명하여 청띠신선이라 불린다. 국외에는 일본, 대만에서부터 인도, 필리핀 등에 넓게 분포한다.

전체적으로 검은 바탕에 청색의 띠무늬가 선명하게 나있다. 신선나비류의 특징은 날개 바깥선(외연)이 파도형으로 안쪽으로 파인 것이 특징이며, 날개 아랫면의 색은 매우 어둡고 짙은 보호색으로 되어 있다는 점이다.

성충은 연 2~3회 발생하는데, 월동한 성충이 4월 중순부터 5월 하순까지 출현하며, 6월 초순부터 제1화가 나타나기 시작하여 10월까지 지역에 따라 1~2회 계속 발생한다. 평지나 산지어디서나 볼 수 있고 참나무류의 수액이나 썩은 과일에 잘 모이며, 길 위나 나무줄기 등에 내려앉으나 꽃에는 거의 오지 않는다. 이 나비는 특히 점유행동이 강한 종으로서 비포장도로나 운동장 등에서 빠르게 선회하며 영역을 과시한다. 식초는 청가시덩굴이다. 성충으로 월동하기 때문에 봄에 출현하는 개체는 날개가 상한 것이 많다.

---

* **출현시기** 4월 중순~10월　* **출현회수** 연 2~3회　* **사 는 곳** 산지, 숲
* **월　　동** 성충　* **앞날개길이** 28~30mm

청띠신선나비 앵두나무 꽃을 찾은 청띠신선나비. 청띠신선나비가 꽃을 찾는 경우는 매우 드물다.

청띠신선나비는 점유행동이 강하며 땅에 잘 내려 앉는다.

청띠신선나비 접은 날개의 뒷면은 어둡고 짙은 무늬가 마치 녹슨 철판같이 보인다.

21. 작은멋쟁이나비 *Cyntia cardui*

**나비목
네발나비과**

우리나라 전역에 걸쳐 어디서나 볼 수 있는 아름다운 나비이다. 이 나비는 세계 공통종으로서 북반구와 남반구에 모두 분포한다.

윗날개색은 적황색 바탕에 검정무늬와 흰 점이 화려하게 수놓아져 있다. 더듬이 끝은 곤봉처럼 생겼으며 흰색이다.

성충은 연 수회 발생하는데, 제1화가 5월경부터 나타나기 시작하여 늦은 11월까지 몇 차례 발생을 되풀이 하지만 봄 보다는 가을철에 더 흔히 볼 수 있다. 이 나비는 성충으로 월동하기 때문에 한 겨울이라도 따뜻한 날에는 날아다니는 모습을 볼 수가 있다. 평지나 산지 어디서나 볼 수 있으며 매우 민첩하고 인기척에도 민감하다. 엉겅퀴, 채송화, 가시여귀, 백일홍 등 각종 꽃에는 모이지만 수액에는 모이지 않는 것도 특징이다.

외국 기록에는 이 나비들이 큰 무리를 지어 아프리카에서 지중해를 넘어 유럽까지 장거리 이동한 경우가 있지만 우리나라에서는 아직 그런 사례는 없다. 암 수가 무늬상으로는 전혀 다른 점이 없다. 식초는 떡쑥이다.

---

* **출현시기** 5월~11월   * **출현회수** 연 수회   * **사 는 곳** 민가주변, 도로가
* **월   동** 성충   * **앞날개길이** 24~35mm

작은멋쟁이나비
매우 빠르고 아름다운
나비로서 꽃밭에
잘 날아든다.

작은멋쟁이나비는
5월부터 11월까지
몇차례 발생하지만
가을에 더 흔히
볼 수 있다.

22. 큰멋쟁이나비 *Vanessa indica*

나비목
네발나비과

작은멋쟁이나비와 마찬가지로 우리나라 전역에서 볼 수 있지만 개체 수 면에서는 작은멋쟁이나비보다 약간 적은 편이다. 국외에는 북반구에서부터 남반구까지 넓게 분포하고 있는 종이다.

앞날개는 작은멋쟁이나비와 비슷하게 생겼으나 뒷날개가 다르게 생겼다. 전체적으로 검은색이 발달하였으며 날개 아랫면도 매우 어둡다.

성충은 연 수회 발생하는데, 5월경부터 나타나기 시작하여 11월 말 까지 몇 차례의 발생을 되풀이한다. 숲이나 꽃밭에 살며 경쾌하고 빠르게 날아다니고 인기척에도 매우 민감하다. 엉겅퀴, 쥐손이풀, 백일홍 등의 꽃에 잘 모이고 나무줄기나 길 위에 앉는 일이 많으며 습지에서 물을 마시기도 한다. 낙엽이나 돌 밑에서 성충으로 월동하기 때문에 겨울이라도 따뜻한 날에는 잠에서 깨어 날아다니는 것을 볼 수 있다.

식초는 거북꼬리, 모시풀, 가는잎쐐기풀 등이다. 이 나비도 암수의 무늬차이가 거의 없다.

---

* **출현시기** 5월~11월　* **출현회수** 연 수회　* **사 는 곳** 숲, 민가주변
* **월　　동** 성충　* **앞날개길이** 26~37mm

오갈피 꽃을 찾은 큰멋쟁이나비.

엉겅퀴 꽃의 꿀을 빠는
큰멋쟁이나비.

바위에 앉아 쉬고 있는
큰멋쟁이나비.
날개의 아랫면은 어둡고
복잡한 무늬가 그려져 있다.

23. 대왕나비 *Sephisa princeps*

나비목
네발나비과

부속도서를 제외한 우리나라 전역에 분포하지만 그리 흔한 종은 아니다. 국외에는 중국 동북부 연해주 지방에 분포한다.

이 나비는 암 수가 전혀 다른 모습을 하는데, 우선 수컷이 암컷에 비해 크기가 훨씬 작으며, 날개색도 수컷은 황색 바탕에 검은색 무늬가 강하지만, 암컷은 검은색 바탕에 백색무늬가 강하다.

연 1회 발생하는데 7월 초순에 출현하여 하순까지 볼 수 있다. 평소에 활엽수림에서 살며 민첩하게 날아다니지만 일단 땅에 앉아 물이나 미네랄을 섭취할 때는 손으로도 잡을 수 있을 정도로 둔해진다. 수컷은 비포장도로나 운동장 등 땅바닥으로 잘 내려오지만 암컷은 주로 나무 수액을 좋아하고 경계심이 강하여 좀처럼 눈에 띄지 않는다. 간혹 야간의 불빛에 날아오기도 한다. 암수 모두 과일이나 오물에도 잘 모인다. 식수는 신갈나무와 굴참나무, 상수리나무 등이다. 애벌레로 월동한다.

---

* **출현시기** 7월 초순~하순
* **출현회수** 연 1회
* **사 는 곳** 활엽수림, 산
* **월   동** 애벌레
* **앞날개길이** 35~37mm

대왕나비
꽃보다 땅에 내려앉는
것을 좋아한다.

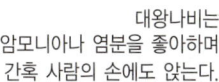

대왕나비의 빨대는
노랑색이다.

대왕나비는
암모니아나 염분을 좋아하며
간혹 사람의 손에도 앉는다.

24. 유리창나비 *Dilipa fenestra*

나비목 네발나비과

이 나비는 앞날개 끝 부근에 타원형의 투명한 막질이 있어 유리창나비라 이름지어 졌다. 부속도서를 제외한 우리나라 전역에 분포하지만 그다지 흔하지는 않은 나비이다. 국외에는 중국등지에 분포한다.

수컷의 날개는 밝은 황갈색이며 암컷은 자주빛이 도는 흑갈색이다. 날개 바깥선을 따라 검은색 띠가 둘러져 있다.

성충은 연1회 발생하며 4월 초순에서 5월 초순 사이에 잠깐 동안만 출현한다. 비포장도로의 습지 또는 실개울에서 물을 빠는 것을 좋아하며 돌이나 바위 위에서 날개를 펴고 일광욕을 즐기기도 한다. 암컷은 신중하여 낮에는 잘 돌아다니지 않기 때문에 보기 힘들고 보통 눈에 잘 띄는 것들은 대부분 수컷들이다. 또한 이 나비는 사탕단풍이나 다래덩굴 등의 즙에는 모이지만 꽃에는 오지 않는 특성이 있다. 식수는 팽나무와 풍게나무인데 유충은 실을 토하여 잎을 엮어 집을 만들고는 그 속에서 들락날락하면서 먹이활동을 하다가 번데기로 월동한다.

---

* **출현시기** 4월 초순에서 5월 초순　＊ **출현 회 수** 연 1회
* **사 는 곳** 산지, 숲　＊ **월동** 번데기　＊ **앞날개길이** 33~36mm

유리창나비 계곡의 바위 위에서 일광욕을 즐기는 유리창나비.

유리창나비(수컷) 앞날개 끝부분에 투명한 막이 있어 유리창나비라 부른다.

유리창나비(암컷) 암컷은 좀처럼 땅에 내려오지 않기 때문에 만나기가 힘들다.

25. 홍점알락나비 *Hestina assimilis* 나비목 네발나비과

제주도를 포함한 우리나라 전국에 분포하는 아름답고 화려한 나비이다. 개체수가 그리 많은 편은 아니지만 대형 나비류 중에서는 아직까지 전국적으로 고르게 발견되는 종이다. 국외로는 일본, 대만, 중국 등지에 분포한다.

날개색은 전체적으로 담황색 바탕에 검은 줄무늬가 시맥을 따라 발달하였다. 뒷날개 끝부문에 붉은 점이 특징이다. 빨대는 노랑색이다. 암컷이 수컷보다 훨씬 크고 날개폭도 넓다. 또한 이 나비는 봄형이 여름형보다 큰 것이 특징이다.

연 2회 발생하는데 봄형은 5월 하순에서 6월 중순, 여름형은 8월 중순에서 9월 중순 사이에 나타난다. 숲 가장자리나 산의 길가, 산 정상 등 다양한 장소에 살며 높은 나무 위에서 매우 빠르게 날거나 빙~빙 돌며 점유활동을 하는 것을 흔히 볼 수 있다. 수액이나 꽃에는 잘 모이지 않지만 비포장도로나 넓은 운동장 등의 땅바닥에서 물을 빨거나 짐승의 분비물에 잘 모인다. 식수는 팽나무와 풍게나무이며 낙엽 밑에서 유충으로 월동한다.

---

* **출현시기** 5월 하순~6월 중순(봄형), 8월 중순~9월 중순(여름형)
* **출현회수** 연 2회   * **사 는 곳** 숲 가장자리, 산의 길가, 산 정상
* **월   동** 애벌레   * **앞날개길이** 36~56mm

홍점알락나비 뒷날개 아래쪽에 붉은점무늬가 특징이다.

홍점알락나비는 꽃밭에는 오지는 않으며 땅바닥이나 짐승의 사체 등에 모인다.

홍점알락나비는 암모니아 성분을 좋아하기 때문에 재래식 화장실이나 쓰레기통을 즐겨 찾는다.

26. 은판나비 *Mimathyma schrenckii* 나비목 네발나비과

이 나비는 뒷날개 아랫면이 온통 은분으로 덮여 있어 은판나비라 이름 지어 졌다. 예전에는 섬 지방을 제외한 우리나라 전역에 분포했지만 오늘날에는 산림이 많이 파괴되어 강원도를 제외한 타 지역에서는 보기 힘든 나비가 되었다. 국외에는 중국 동북부, 아무르, 우수리지방에 분포한다.

날개색은 검은 바탕에 큰 흰무늬가 나 있는데 이 흰무늬 주위에는 보라색 띠가 둘러져 있다. 날개 뒷면은 은분이 많은 은회색 바탕에 황갈색 줄무늬가 있다.

성충은 연 1회 발생하는데 6월 하순부터 7월에 걸쳐 나타난다. 잡목림에 많으며 높은 수목 위를 선회하는 것을 볼 수 있다. 수컷은 짐승 똥이나 사체에 모이기도 하지만 특히 비포장도로나 운동장 등의 습지에서 물을 빨거나 마른 흙가루(미네랄성분)를 섭취하길 좋아한다. 반면에 암컷은 매우 신중한 편이어서 높은 나무에서 좀처럼 내려오지 않기 때문에 보기가 힘들다. 식수는 느티나무와 느릅나무이며 유충으로 월동한다.

---

* **출현시기** 6월~7월　* **출현회수** 연 2회　* **사는곳** 산지, 숲
* **월　　동** 애벌레　* **앞날개길이** 30~40mm

은판나비 은판나비의 빨대는 노란색이다.

은판나비는 짐승의 배설물을 좋아한다.

날개 아랫면은 은분이 많다.

27. 황오색나비 *Apatura metis*

나비목 네발나비과

제주도를 제외한 우리나라 전역에서 볼 수 있다. 국외에는 유라시아에 분포하고 있다.

수컷의 날개색은 황색 바탕에 갈색무늬가 그려져 있는데 햇빛의 각도에 따라 보라색이 돋아난다. 반면에 암컷은 황색형과 갈색형 두 가지가 있다.

성충은 연 2회 발생하는데 5월 하순부터 제 1화가 출현하고 제 2화는 8월에 출현하여 9월 말까지 활동한다. 그러나 기온이 낮은 중부 이북 지방에서는 7~8월에 한 번 출현하기도 한다. 유충기에 버드나무 잎을 먹고 자라기 때문에 산지와 숲은 물론 버드나무 가로수가 있는 도심에서도 볼 수 있다. 암 수 모두 꽃에는 오지 않으며 참나무나 버드나무의 수액에 모인다. 교미를 마친 암컷은 버드나무 줄기나 잎에 1~5개 정도의 알을 낳는데, 제 2화 유충은 2~4령 상태에서 버드나무의 갈라진 줄기 사이에서 월동한다. 주로 나무 위에서 살지만 가축의 배설물에 모이거나 비가 갠 여름날은 땅바닥에 내려 앉아 물을 섭취하기도 한다.

---

* **출현시기** 5월 하순~8월
* **출현회수** 1~2회
* **사는곳** 산지, 숲, 도심
* **월　　동** 애벌레
* **앞날개길이** 30~43mm

황오색나비 날개의 아랫면은 전체적으로 황색을 띤다.

황오색나비 암컷이 버드나무 수액을 빨고 있다.

황오색나비(수컷) 수컷의 날개는 태양의 각도에 따라 보라색이 아름답게 빛난다.

28. 왕오색나비 *Sasakia charonda* 나비목 네발나비과

우리나라 전역에 분포하며 크기가 대형인 아름다운 나비이다. 국외에는 일본, 대만, 중국대륙에 분포하는데, 일본에서는 1964년에 이 나비를 국접(國蝶), 즉 나라나비로 지정하였다.

날개색은 전체적으로 흑갈색 바탕에 흰점과 노란점 무늬가 화려하게 수 놓아져 있다. 특히 수컷의 날개 기부에는 보라색이 강하게 나타난다. 암컷의 날개는 수컷보다 크지만 보라색이 발달하지 않으며 갈색이 짙다.

성충은 연 1회 발생하는데 6월 하순에서 7월 하순사이에 나타난다. 활엽수 위를 혼자 날거나 무리지어 나는 것을 볼 수 있으며 땅바닥에 내려와 물을 빨기도 하고 썩은 과일이나 오물, 동물의 사체 등에 모이기도 한다. 참나무나 느릅나무의 수액을 좋아하지만 꽃에는 오지 않는다. 참나무 수액이 나는 곳에서는 장수말벌이나 사슴벌레 등과 서로 주권 다툼을 벌이는 모습이 자주 목격된다. 식수는 팽나무와 풍게나무이며 3령 유충으로 낙엽 밑에서 월동한 후 이듬해 봄 나무 위로 올라가 새 순을 먹으며 4~5령을 지내고 번데기가 된다.

* **출현시기** 6월 하순~7월 하순 * **출현회수** 연 1회 * **사는곳** 산지, 숲
* **월   동** 애벌레 * **앞날개길이** 48~62mm

왕오색나비(수컷)
수컷은 날개에 보라색이 발달하였다.

왕오색나비(암컷)
날개색은 전체적으로 흑갈색 바탕에
흰점과 노란점 무늬가 화려하게 있다.
뒷날개 아래부분에는 하트모양의 핑크색 무늬가 있다.

왕오색나비 유충 머리에 뿔이 두 개 있으며 푸른색이다.

왕오색나비 번데기 팽나무 잎의 뒷면에 매달린다.

29. 암끝검은표범나비 *Argyreus hyperbius* 나비목 네발나비과

이 나비는 원래 남해안, 남서해안지역 및 제주도, 울릉도에 분포하는 전형적인 남부종 이었으나 온난화의 영향으로 최근에는 경기도, 강원도지역에서도 발견되고 있다. 국외에는 일본과 대만, 인도, 호주에 이르는 열대, 아열대 지방에 넓게 분포한다.

암컷의 앞 날개 끝 부분에 검은 무늬가 있어 암끝검은표범이라 이름지어 졌다. 수컷은 황금색 바탕에 검은 점무늬가 산포한다. 나비류는 원래 수컷이 화려한 게 보통이지만 이처럼 암컷이 더 화려한 경우도 종종 있다(예: 암고운부전나비, 암검은표범나비).

연 발생 횟수는 정확히 밝혀져 있지 않으나 온도만 알맞으면 몇 차례도 나올 수 있다. 5월 초부터 나타나기 시작하여 7~8월에 최성기를 이루다 10월, 11월 까지 활동한다. 숲 가장자리나 풀밭, 밭두렁 위를 천천히 날아다니며 엉겅퀴, 나도냉이, 방아꽃, 제비꽃 등의 꽃에 모인다. 식초는 제비꽃류로서 종령유충은 주변의 나뭇가지 등에 금속성 광택이 나는 번데기를 짓는다. 번데기로 월동한다.

---

* **출현시기** 5월 초~11월   * **출현회수** 연 수회   * **사는곳** 밭가, 풀밭, 숲
* **월   동** 번데기   * **앞날개길이** 37~42mm

암끝검은표범나비(암컷)
이 나비는 암컷이 수컷보다 화려하다.

암끝검은표범나비(수컷)
황금색 바탕에
검은 점무늬가 산포한다.

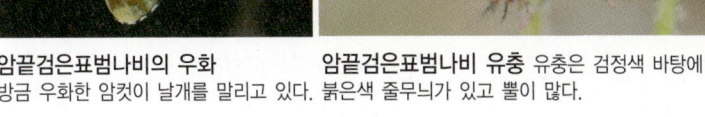

암끝검은표범나비의 우화
방금 우화한 암컷이 날개를 말리고 있다.

암끝검은표범나비 유충 유충은 검정색 바탕에
붉은색 줄무늬가 있고 뿔이 많다.

30. 은점표범나비 *Fabriciana pallescens*

나비목
네발나비과

울릉도를 제외한 우리나라 전역에서 볼 수 있다. 국외에는 일본, 중국은 물론 유럽까지 넓게 분포한다.

날개색은 황색 바탕에 검은 점무늬와 선무늬가 많다. 뒷날개 뒷면에는 흰 점무늬가 은박처럼 반짝인다. 이 종은 지역에 따른 개체 변이가 심할 뿐 아니라 왕은점표범나비와도 흡사하여 혼돈하기가 쉽다. 암컷은 수컷에 비해 크기가 크고 날개폭도 넓고 둥그스름한 편이다. 특히 암컷의 윗 날개 바탕색은 수컷보다는 검정색이 진하게 나타나는 경향이 있으며, 날개 아랫면에 있는 은점 무늬는 크고 선명하다.

성충은 연 1회 발생하는데, 5월부터 출현하기 시작하여 6~7월에 가장 많이 활동하며, 여름동안 하면(여름잠)한 뒤 9월에 다시 나타난다. 초지와 밭 주변, 산지 등, 어디서나 볼 수 있다. 양지바른 곳을 좋아하며 풀밭 위를 경쾌하게 날고 엉겅퀴, 큰까치수영, 꿀풀, 개망초, 마타리, 쉬땅나무 등의 꽃에서 꿀을 빤다. 애벌레로 월동한다.

---

*출현시기 5월~7월, 9월   *출현회수 연 1회   *사는곳 초지, 밭 주변, 산지
*월   동 애벌레   *앞날개길이 30~40mm

엉겅퀴 꽃을 빠는 은점표범나비.

은점표범나비(암컷)
암컷은 수컷보다 크기가 크고
검정색이 더강하다.

은점표범나비(수컷)
수컷은 날개색이 밝은 황색 바탕에
검정색 표범무늬가 있다.

31. 왕은점표범나비 *Fabriciana nerippe*

나비목
네발나비과

우리나라 표범나비류 중에서는 가장 큰 종으로 남한 전역에 분포하나 최근에는 그 수가 급격히 줄어 환경부 보호종으로 지정되었다. 국외로는 일본, 중국 대륙, 티벳 등지에 분포한다.

뒷날개 윗면에 줄지어 있는 검은줄 무늬와 뒷날개 아랫면에 줄지어 있는 M자, 또는 하트모양이 이 종의 특징이다. 은점표범나비와 비슷하나 날개가 더 크고 뒷날개 아랫면의 은박 점무늬도 더욱 크다. 암컷은 수컷에 비하여 크기가 크고 바탕색은 어두우며 흰점과 검은 무늬가 잘 발달하였다.

성충은 연 1회 발생하는데, 이른 것은 5월부터 나타나기 시작하여 6~7월에 최성기를 이루며 무더운 여름 동안 하면(여름잠)한 뒤 9월 하순경에 산란하기 위해 다시 나타난다. 이 종은 하면하기 전에는 교미하지 않는다. 양지 바른 풀밭이나 꽃밭에서 볼 수 있으며 큰까치수영, 엉겅퀴, 솔채꽃, 백일홍(토종), 금잔화 등을 찾는다. 식초는 제비꽃류이다.

* **출현시기** 5월~9월 하순
* **출현회수** 연 1회
* **사 는 곳** 산지, 초지
* **월 동** 애벌레
* **앞날개길이** 35~45mm

왕은점표범나비
뒷날개 가장자리에 하트 모양의 문양이 특징이다.

큰까치수영의 꿀을 빠는 왕은점표범나비. 뒷날개 아랫면에 은박무늬가 크고 선명하다.

32. 애기세줄나비 *Neptis sappho*

나비목
네발나비과

우리나라 전역의 산지, 평지 어느 곳에서나 흔하게 볼 수 있는 아름답고 귀여운 나비이다. 국외에는 일본, 대만을 거쳐 히말라야 및 유럽남동부까지 넓게 분포한다. 줄나비류 중에서는 가장 작은 종이다.

날개 윗면은 검정색 바탕에 흰 무늬가 있으며 아랫면은 밤색 바탕에 흰 줄무늬가 있다. 수컷은 뒷날개 윗면의 전연부에 광택이 있는 회백색의 성표가 있으나 평소에는 앞날개에 가려 보이지 않는다.

연 2회 발생하는데 제 1화는 5월 초순에 나타나고 제 2화는 지역마다 조금씩 다르긴 하지만 7월 말에 나타나 10월 중순(남부지방에서는 11월 초)까지 볼 수 있다. 성충은 양지바른 숲 가장자리에 많이 살며 특히 아까시나무가 있는 곳에서 많이 볼 수 있다. 다른 줄나비들처럼 꽃에도 오지만 땅에서 미네랄이나 물을 섭취하는 것을 좋아한다. 특히 계곡의 물가에서 날개를 폈다 접었다 하면서 물을 마시는 것을 자주 볼 수 있다. 애벌레로 월동한다.

* **출현시기** 5월 초순, 7월말
* **출현회수** 연 2회
* **사 는 곳** 야산, 아카시나무 숲
* **월   동** 애벌레
* **앞날개길이** 12~13mm

애기세줄나비 줄나비류 중에서 가장 작은 종이다.

물을 빨아 먹으려고 계곡에 내려 앉은 애기세줄나비.

33. 별박이세줄나비 *Neptis pryeri*

**나비목
네발나비과**

우리나라 각지에 넓게 분포하며 개체수도 많다. 국외에는 일본, 대만, 중국 및 시베리아에 분포한다. 앞날개 윗면의 기부에서 나온 흰 띠가 여러 토막으로 나뉘어져 있는 모습이 별처럼 생겨 별박이라 불린다.

날개 윗면은 짙은 밤색 바탕에 흰 줄무늬와 점무늬들이 있다. 이 무늬는 날개 아랫면에서도 동일한 패턴으로 그려져 있지만, 밤색 띠무늬는 윗날개보다 좁아져 있다. 특히 뒷날개 아랫면 기부에 10개 정도의 검은 점이 있는 것이 특징이다. 암수에 따른 무늬 차이는 거의 없다.

연 2회 발생하는데 제1화는 5월 하순에서 6월 중순 경이며, 제 2화는 7월 하순에서 10월 초순이지만, 따뜻한 남부 지방에서는 11월 초까지도 볼 수 있다. 양지바른 숲 가장자리에 많이 나며 특히 아까시나무가 많은 곳에 산다. 이 나비는 꽃에도 앉아 꿀을 빨지만 물이나 미네랄을 흡수하기 위해 땅에도 자주 앉는다. 애벌레는 머리에 작은 돌기가 있으며 특히 종령이 되면 죽은 나뭇잎 모양으로 위장을 한다.

---

* **출현시기** 5월 하순~ 6월 중순, 7월 하순~10월 초 * **출현회수** 연 2회
* **사 는 곳** 숲, 야산 * **월동** 애벌레 * **앞날개길이** 23~32mm

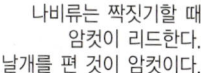

별박이세줄나비
짝짓기를 하고 있다.

나비류는 짝짓기할 때
암컷이 리드한다.
날개를 편 것이 암컷이다.

별박이세줄나비는
앞날개 끝부분에 그려진
흰점박이 무늬가 특징이다.

34. 왕세줄나비 *Neptis alwina*

나비목
네발나비과

우리나라 전역에 분포한다. 국외에서는 일본, 중국, 우수리에 분포한다. 줄나비류 중에서 앞날개 길이가 가장 긴 종이다. 따라서 나는 모습도 매우 우아하고 날렵하다. 날개 윗면은 검정색 바탕이고, 아랫면은 밤색 바탕이다.

수컷은 암컷에 비하여 날개 길이가 더 길고 앞날개 끝의 흰점도 훨씬 크다. 수컷의 뒷날개 윗면 전연부에는 광택이 나는 회백색의 성표가 있다.

연 1회 발생하는데 6월 중순에서 7월 사이에 출현 하였다가 하면을 한 후 9~10월에 다시 나타난다. 산기슭의 민가 주변이나 절 주변에서 흔히 볼 수 있으며, 특히 앵두나무가 있는 곳이라면 어디든지 볼 수 있다. 비교적 경계심은 많지 않은 편이지만 일단 위협을 느끼면 빠르게 높이 올라가는 습성이 있다.

식초는 앵두나무를 비롯하여 복사나무, 자두나무, 옥매, 산벚나무 등 장미과 식물인데, 종령이 된 유충은 나뭇가지를 꺾어 마른가지를 만들고 그 곳에 마른 잎과 같은 모양의 번데기를 만들어 천적이나 새들의 눈을 피한다.

* **출현시기** 6월 중순~7월, 9~10월
* **출현회수** 연 1회
* **사는곳** 주택가, 숲 가장자리, 야산
* **월 동** 애벌레
* **앞날개길이** 36~46mm

왕세줄나비 번데기에서 금방 우화한 왕세줄나비. 왕세줄나비는 줄나비류 중에서 날개길이가 가장 길다.

왕세줄나비 유충은 앵두나부 잎을 먹는다.

35. 황세줄나비 *Neptis thisbe*

나비목
네발나비과

부속도서를 제외한 우리나라 전역에 분포하지만 주로 산지에서 나 볼 수 있다. 국외에는 중국 동북부, 아무르, 우수리 등지에 분포한다.

날개색은 전체가 짙은 밤색이며 왕(王)자 모양의 흰 줄무늬가 뚜렷하게 나 있다. 이 중 뒷 날개 아래쪽의 줄은 약간 누런색이다. 그러나 개체에 따라서는 모두 흰색인 경우도 나타난다. 수컷은 암컷보다 일반적으로 작은 편이다.

성충은 연 1회 발생하는데, 6월 중순에서 7월에 걸쳐 나타난다. 주로 산길 주변에 살며 높이 날지만 때로는 양지 바른 바위 위에서 쉬거나 땅에 앉아 물을 마시는 것을 흔히 볼 수 있다. 특히 장마철 비가 갠 뒤에는 비포장도로에 많이 내려앉는다. 식초는 졸참나무이며 애벌레로 월동한다.

비슷한 종으로는 산황세줄나비(*Neptis themis*)와 중국황세줄나비(*Neptis yunnana*)가 있다.

* **출현시기** 5월 초순, 7월말
* **출현회수** 연 2회
* **사 는 곳** 야산, 아까시나무 숲
* **월   동** 애벌레
* **앞날개길이** 34~44mm

황세줄나비 날개에 왕(王)자 모양이 선명하다. 맨 아래 부분은 황갈색이다.

황세줄나비가 꽃을 찾는 경우는
매우 드문 일이다.

황세줄나비의 날개 뒷면은 녹슨 쇳빛이다.

36. 도시처녀나비 *Coenonympha hero* 나비목 네발나비과

울릉도를 제외한 우리나라 전역에서 볼 수 있다. 국외에는 일본, 사할린을 거쳐 유럽까지 넓게 분포한다. 날개 아랫면의 흰 띠가 마치 도시처녀의 치맛자락을 닮았다 하여 이 이름이 붙었다.

날개 윗면은 별다른 무늬없이 흑갈색이다. 날개 아랫면에는 밝은 황갈색에 동그란 흰색 점무늬가 있다. 날개 바깥선을 따라 은박 줄무늬가 있다. 암컷은 수컷보다 다소 크고 바탕색이 연하며 날개 아랫면에 있는 흰 띠의 폭이 넓다.

성충은 연 1회 발생하는데 주로 5월에서 6월 사이에 나타난다. 양지 바른 풀밭에서 주로 볼 수 있으며 엉겅퀴, 개망초, 토끼풀, 줄딸기 꽃 등에서 꿀을 빤다. 나는 모습은 톡톡 튀듯이 특이하게 날며 잔디나 풀 위에 앉을 때도 날개와 몸을 한 쪽으로 기우는 독특한 습성이 있다. 유충의 먹이는 그늘사초와 괭이사초이다. 애벌레로 월동한다.

같은 계통의 나비로는 봄처녀나비(*Coenonympha oedippus*)와 시골처녀나비(*Coenonympha amaryllis*)가 있으나 일부 한정된 지역에만 서식하기 때문에 도시처녀만큼은 개체수가 많지 않다.

* **출현시기** 5월~6월　　* **출현회수** 연 1회　　* **사는곳** 숲, 밭 주변, 야산
* **월　　동** 애벌레　　* **앞날개길이** 17~22mm

도시처녀나비(수컷) 조팝나무 꽃을 찾은 도시처녀나비

도시처녀나비(암컷) 암컷은 바탕색이 연하고 흰 띠의 폭이 수컷보다 넓다.

봄처녀나비 봄처녀나비는 뒷날개에 흰색의 띠무늬가 없다.

37. 외눈이지옥나비 *Erebia cyclopia*

나비목 네발나비과

강원도 일부지역에 국지적으로 분포한다. 국외에는 중국 동북부, 아무르, 연해주 등지에 분포한다.

날개 색이 점박이 무늬를 제외하곤 온통 검은색이어서 지옥나비라 불린다. 얼른 보기에는 검게 보이지만 실은 어두운 밤색의 날개를 갖고 있다. 날개 아랫면도 어두운 흑갈색이며 앞날개 끝에 있는 뱀눈무늬는 아랫면에도 그대로 나타난다.

연 1회 발생하는데 5월 초순에서 6월에 걸쳐 나타난다. 숲 가장자리의 그늘진 곳이나 잡목림에 많이 살며 조팝나무 등의 꽃에서 꿀을 빤다. 그러나 이 나비는 꿀을 빠는 장면보다는 나뭇잎이나 돌 위에 앉아서 쉬는 모습을 더 많이 볼 수 있다. 비슷한 종으로는 외눈이지옥사촌나비(*Erebia wanga*)가 있으나 앞날개 끝부분에 있는 흰점의 무늬 배열로 인해 구별된다. 유충의 식초는 김의털(벼과)로 알려져 있다. 애벌레로 월동한다.

---

* **출 현 시 기** 5월 초순~6월
* **출현회수** 연 1회
* **사 는 곳** 숲 가장자리, 잡목림
* **월 동** 애벌레
* **앞날개길이** 23~33mm

외눈이지옥나비 날개색이 온통 검은색이어서 지옥나비라 불린다.

외눈이지옥나비는 앞날개 끝에 있는 한 쌍의 흰무늬가 날개선과 거의 평행하다.

38. 뱀눈그늘나비 *Lasiommate deidamia mentriesii*

나비목
네발나비과

우리나라 전역에 분포하지만 평지보다는 산지에서 볼 수 있는 종이다. 다른 나비들보다 비교적 어둡고 그늘진 곳에서 살기 때문에 그늘나비라 한다. 국외에는 일본, 우수리, 아무르, 중국 동북부에 분포한다.

날개모양은 수컷이 가늘고 긴 반면, 암컷은 약간 폭이 넓고 둥그스름하다. 앞날개 끝부분에 뱀눈 모양의 무늬가 있는데, 뒷날개의 눈 무늬는 날개 윗면에서는 2개밖에 나타나지 않으나 아랫면에서는 모두 6개가 있다.

성충은 연1회 발생하는데, 6월 하순에 나타나 9월 중순까지 볼 수 있다. 풀숲이나 산에 살며 나무 사이를 날아다니다가 잎이나 줄기에 앉아 쉬기를 거듭한다. 가끔 꽃에도 모이긴 하지만 꽃보다는 참나무류의 수액을 더 좋아하고, 해가 드는 임도의 절개면에서 날개를 펴고 일광욕을 즐기기도 한다. 유충의 먹이는 참억새나 괭이사초로서 암컷은 식초 위에 알을 7~8개씩 일렬로 낳는다.

---

* **출현시기** 6~9월
* **출현회수** 연 1~2회
* **사 는 곳** 산지
* **월　　동** 애벌레
* **앞날개길이** 26~33mm

뱀눈그늘나비 따뜻한 바위 위에서 일광욕을 즐기고 있다.

뱀눈그늘나비
날개를 접은 상태에서
날개 아랫면의 뱀눈무늬는
모두 6개가 있다.

39. 조흰뱀눈나비 *Melanargia epimede* 나비목 네발나비과

남한 전역에 분포하며 개체수도 많다. 국외에는 아무르, 중국 동북부와 북부지방에 분포한다. 이 나비 이름의 머리글자 '조'는 우리나라 곤충학자 였던 조복성(1905~1971) 교수의 성을 딴 것이다. 이처럼 나비 이름에 학자의 성을 붙인 또 다른 예는 석주명(1908~1950)의 성을 딴 석물결나비(*Ypthima amphithea*)가 있다.

뱀눈나비류 중에서는 유일하게 날개 바탕색이 밝은 흰색이 많은 나비이다. 날개 윗면에는 뱀눈무늬가 없으나 아랫면에 날개 끝부분을 따라 동그란 뱀눈무늬가 있다. 배에는 흰색의 마디무늬가 있다.

성충은 연 1회 발생하는데, 6월에서 8월까지 볼 수 있으나 따뜻한 남부 지방에서는 10월 까지도 관찰이 가능하다. 숲 가장자리의 풀밭이나 야산에 살며 아주 천천히 낮게 날아다니면서 엉겅퀴, 동자꽃, 까치수영 등의 꽃에서 꿀을 빤다. 식초는 벼과 식물인 참억새이다. 제주도의 경우 흰뱀눈나비(*Melanargia halimede*)는 낮은 지대에서 분포하고 조흰뱀나비는 한라산 1500m 고지 이상에서만 분포한다. 애벌레로 월동한다.

---

* **출현시기** 6월~9월　* **출현회수** 연 1회　* **사 는 곳** 숲, 풀밭, 야산
* **월　　동** 애벌레　* **앞날개길이** 26~33mm

조흰뱀눈나비 뱀눈나비류 중에서 예외적으로 날개 바탕이 흰색이다.

조흰뱀눈나비는
숲 가장자리 풀밭이나
야산에 산다.

40. 굴뚝나비 *Minois dryas*

**나비목
네발나비과**

날개 아랫면에 그려진 흰 무늬가 마치 굴뚝에서 피어오르는 연기처럼 생겼다 하여 굴뚝나비라 불린다. 도서지방을 포함하여 전국 어디서나 볼 수 있었던 흔한 종이었으나 최근 들어 개체 수가 급격히 줄어들었다. 국외에는 일본, 중국 동북부, 사할린, 시베리아에서 유럽까지 넓게 분포한다.

앞날개에 크고 검은 뱀눈무늬가 2개 있으며, 뒷날개에는 작은 점무늬가 1개 있다. 무늬는 지역이나 개체에 따라 변이가 심하다.

성충은 연 1회 발생하는데, 6월 초순에 우화하여 9월 까지 활동하고 남부 지방에서는 10월까지도 관찰된다. 산지와 숲, 비포장 도로 주변에 서식하며 쉬땅나무, 마타리 등의 꽃을 찾는다. 이 나비는 뱀눈나비과의 나비 중에서는 가장 큰 종인데다 날갯짓도 느려서 새들에게 공격을 당하는 경우가 많다. 뿐만 아니라 나뭇가지 사이를 비행하는 뱀눈나비과의 특성 때문에 쉽게 훼손되어 8월 이후에 보이는 개체들은 대부분 날개가 성한 것이 별로 없다. 수액이나 습지에 모이지 않으며 애벌레로 월동한다. 식초는 억새류이다.

---

* **출현시기** 6월~10월 * **출현회수** 연 1회 * **사 는 곳** 숲, 도로주변, 야산
* **월　　동** 애벌레 * **앞날개길이** 수컷 25~34mm, 암컷 30~39mm

굴뚝나비 날개가 크고 천천히 날기 때문에 새들의 공격을 받아 쉽게 손상된다.

개망초 꽃을 찾은 굴뚝나비. 뒷날개 아랫면에 그려진 흰줄무늬는 굴뚝에서 피어나는 연기처럼 생겼다.

41. 부처나비 *Myclesis gotama*

나비목 네발나비과

울릉도를 제외한 우리나라 전역에 고루 분포하는 흔한 나비이다. 국외에는 일본, 대만에서 중국을 거쳐 인도까지 넓게 분포한다.

날개 윗면에는 황갈색 또는 흑갈색 바탕에 뱀눈무늬가 두 쌍이 있다. 이 뱀눈무늬는 검정색으로 중앙에 흰 점이 있으며 테두리는 밝은 황색이다. 날개 아랫면은 크고 작은 뱀눈무늬가 8쌍 있다.

성충은 연 2~3회 발생하는데, 중부지방에서는 5월 중순부터 6월 초순까지 제 1화가 나타나고 7월 초순에서 하순까지 제 2화가 나타난다. 남부 지방에선 제 3화가 발생하여 9~10월 까지도 볼 수 있다. 잡목림 가장자리나 숲 아래, 또는 논길 주변이나 평지의 풀밭 등에서 흔히 보이는데 썩은 과일 등에도 모인다. 식초는 주름조개풀과 참억새이다.

암컷은 수컷보다 바탕색이 연한 편이며, 수컷은 뒷날개 앞 부근에 바탕색과 같은 긴 털다발이 있다. 부처사촌나비(*Mycalesis francisca*)와 유사하다.

---

* **출현시기** 5월 중순~6월 초순(제1화), 7월 초순~하순(제2화)
* **출현회수** 연 2~3회
* **사 는 곳** 잡목림, 숲, 논길 주변, 평지의 풀밭
* **월   동** 알
* **앞날개길이** 26~28mm

부처나비 검은 날개의 흰색줄무늬가 일직선을 이룬다.

부처사촌나비
날개를 접은 상태에서
윗날개와 아랫날개의
흰색선이 직선을
이루지 않는다.

42. 참산뱀눈나비 *Oeneis walkyria* 나비목 네발나비과

도서지방을 제외한 우리나라 전역에 분포하지만 개체수가 그리 많은 편은 아니다. 국외에는 중국 동북부에 분포한다.

이 나비는 날개 무늬의 변화가 매우 다양하고 뱀눈 모양의 동그란 무늬 패턴이 변화무쌍하여 우리나라 나비 중에서는 개체변이가 가장 심한 종이다. 바탕색도 담황색 계통과 주황색 계통, 흑갈색 계통의 세 가지가 있다. 암수에 따른 무늬 차이는 별도로 없다. 날개 윗면은 앞날개에 크고 작은 점무늬가 2쌍 있으며, 뒷날개에는 3쌍의 점무늬가 있다. 날개 아랫면은 회백색인데 각각 한 쌍의 작은 점이 윗날개와 아랫날개에 있다.

성충은 연 1회 발생하는데 4월~5월에 걸쳐 출현한다. 야산의 풀밭에 사는 산지성 나비로서 산의 경사면이나 골짜기를 천천히 날아다닌다. 특히 바람이 부는 날에는 바람에 날려가기도 한다. 앉을 때는 마른 풀 위에 날개를 뒤로 접고 뚝 떨어져 죽은 시늉을 하며 비스듬히 앉는 습성이 있다. 애벌레로 월동하며 유충의 식초는 사초과의 실사초이다.

---

* **출현시기** 4월~5월 * **출현회수** 연 1회 * **사 는 곳** 야산의 풀밭
* **월   동** 애벌레 * **앞날개길이** 19~29mm

참산뱀눈나비 날개색의 개체변이가 매우 심한 종이다.

참산뱀눈나비는 땅에 앉을 때 똑바로 앉지 않고 옆으로 눕는 습성이 있다.

참산뱀눈나비는 앉을 때 좀처럼 날개를 펴고 앉지 않는다.

43. 물결나비 *Ypthima motschulskyi*

**나비목
네발나비과**

우리나라 전역에서 볼 수 있는 매우 흔한 나비이다. 날개 아랫면에 물결모양의 무늬가 있어 물결나비라는 이름이 붙었다. 국외에는 일본, 중국에 분포한다.

날개 윗면은 짙은 갈색이며, 앞날개와 뒷날개에 각각 한 쌍씩의 뱀눈무늬가 있다. 날개 아랫면에는 앞날개에 한 쌍, 뒷날개에 3쌍의 뱀무늬가 있다.

성충은 연 1회 발생하며 6월 초순에서 7월 중순까지 나타나는데 곳에 따라 남부 지방에서는 2회 까지도 발생하며 이 경우 10월까지 활동한다. 우거진 숲이나 야산, 등산로 등 어느 곳에서나 많이 볼 수 있다. 유충은 벼나 참억새 등 벼과 식물을 먹고 자란다.

유사한 종으로는 애물결나비(*Ypthima argus*)와 석물결나비(*Ypthima amphithea*)가 있는데, 이들 모두 날개 아랫면에 뱀눈 모양의 점이 서로 다르게 생겼다. 물결나비는 뱀눈모양 무늬의 노랑색 고리가 석물결나비보다는 선명하지 않으며, 애물결나비와는 뱀눈무늬의 개수가 다르기 때문에 쉽게 구별된다.

---

* **출현시기** 6월 초~월 중순   * **출현회수** 1회   * **사는곳** 산, 숲
* **월 동** 애벌레   * **앞날개길이** 20~21mm

물결나비 날개 뒷면에 물결같은 무늬가 특징이다.

물결나비 뒷날개에는 세 쌍의 뱀눈무늬가 있다.

애물결나비 뒷날개에 작은 뱀눈무늬가 5쌍 있다.

44. 뿔나비 *Libythea celtis*

나비목
네발나비과

부속도서를 제외한 우리나라 전역에 분포하며, 개체수가 꽤 많은 보통종이다. 국외로는 일본, 대만, 중국 및 히말라야에서 유럽까지 분포한다.

이 나비의 이름은 아랫입술 수염이 뿔 모양으로 돌출한데서 유래하였다. 날개의 모양이 다른 나비들처럼 둥그스름하지 않고 각 지게 생긴 것도 이 나비의 특징이다. 예전에는 별개의 과(뿔나비과)로 구분했으나 현재는 네발나비과로 분류된다. 앞날개 윗면에는 주황색 무늬가 있으며, 날개 아랫면은 낙엽과 같은 무늬이다.

연 1회 발생하는데, 월동한 성충은 4월 초순부터 활동하며 4월 중·하순에 산란한다. 알에서 부화한 유충은 6월 중순에 성충으로 우화한다. 이 나비는 다른 종과 달리 꽃보다는 흙을 좋아 한다. 그리고 수 백 마리가 떼지어 땅바닥에 모이는 습성이 있다. 성충은 습지에서 물과 미네랄을 섭취하며 종종 오물에도 모인다. 성충은 우화 후 활동하다 다음해 봄까지 동면에 들어간다. 유충의 식초는 느릅나무과의 팽나무와 풍게나무이다.

---

* **출현시기** 3월~10월　* **출현회수** 연 1회　* **사 는 곳** 숲, 풀밭
* **월　　동** 성충　　　* **앞날개길이** 20~23mm

뿔나비 뿔나비는 날개의 외곽선이 독특하게 생겼다.

뿔나비는 좀처럼 날개를 펴고 앉지 않는다. 일조량이 부족할 때만 편다.

뿔나비의 날개 뒷면은 낙엽과 똑같이 생겼다.

뿔나비는 습지에 수백 마리가 모여 물을 빠는 습성이 있다.

111

45. 꼬마흰점팔랑나비 *Pyrgus malvae coreanus* 나비목 팔랑나비과

앞날개 길이는 12mm 내외의 아주 작은 나비로서 제주도와 일부 남부 해안지방을 제외한 전국에서 볼 수 있다. 국외로는 유라시아 대륙에 분포한다.

흰점팔랑나비(*Pyrgus maculatus*)와 유사종이나 훨씬 작고 바탕색이 약간 밝은 편이다. 날개 윗면은 짙은 밤색 바탕에 크고 작은 흰색 무늬가 퍼져 있으며 날개 바깥가장자리(외연)를 따라 작은 흰점무늬가 윗 날개에서 아래 날개까지 규칙적으로 줄지어 나 있다. 날개 아랫면은 적갈색 또는 흑갈색이며 날개 윗면과 같은 무늬를 하고 있다.

성충은 연 1회 출현하는데 4~5월에 나타나서 7월 까지 볼 수 있다. 양지바른 풀밭이나 야산 등에서 살며 민들레나 고들빼기, 제비꽃 등 키 작은 꽃의 꿀을 빤다. 이 나비의 특징은 꿀을 빨 때나 휴식할 때나 앉을 때는 항상 날개를 활짝 펴고 앉는다는 점이다. 번데기로 월동한다.

---

* **출현시기** 4~5월   * **출현회수** 연 1회   * **사 는 곳** 풀밭, 야산
* **월   동** 번데기   * **앞날개길이** 11~13mm

꼬마흰점팔랑나비 앉을 때 날개를 쫙 펴는 습성이 있다. 날개 외곽선을 따라 흰 털이 발달하였다.

꼬마흰점팔랑나비는
민들레 꽃처럼
키 작은 꽃에 잘 모인다.

46. 멧팔랑나비 *Erynnis montanus*

나비목
팔랑나비과

울릉도를 제외한 전국 어디서나 볼 수 있는 흔한 나비이다. 국외에는 일본, 중국, 아무르에 널리 분포한다.

암컷은 앞날개 윗면 중앙에 흰색 띠와 앞날개 아랫면에 발달한 노랑색으로 구별된다. 날개 색깔도 어둡고, 몸에 털이 많을 뿐 아니라 땅에 앉을 때는 나방처럼 날개를 펴고 앉기 때문에 나방으로 오인하기 쉽다. 날개 윗면은 황갈색 바탕에 황백색의 점무늬가 많다. 흰점무늬는 뒷날개에만 있으며, 같은 무늬가 뒷날개 아랫면까지 이어진다.

성충은 연 1회 발생하는데 팔랑나비류 중에서는 흰점팔랑나비와 함께 가장 먼저 나타나는 나비로서 4월부터 출현하여 5월 중순까지 볼 수 있다. 낙엽성 잡목림에서 살며 엉겅퀴, 진달래, 앵두나무, 줄딸기, 민들레, 제비꽃 등의 꽃에서 꿀을 빨지만 동물의 배설물에 모이거나 습지에 떼 지어 모여 물을 빠는 습성이 있다. 유충의 식수는 떡갈나무와 신갈나무인데 교미를 마친 암컷 성충은 어린 새순 바로 밑에 알을 한 개씩 낳는다.

＊**출현시기** 4월~5월 중순　＊**출현회수** 연 1회　＊**사는곳** 잡목림, 야산, 밭가
＊**월　　동** 애벌레　　　＊**앞날개길이** 18~22mm

멧팔랑나비 뒷날개에는 황백색의 점무늬가 많다.

멧팔랑나비 수컷이 다가와 구애를 하고 있다.

47. 지리산팔랑나비 *Isoteinon lamprospilus*

나비목 팔랑나비과

부속도서를 제외한 우리나라 전역에 분포하지만 개체수는 그리 많은 편이 아니다. 석주명이 1940년대 지리산에서 처음 발견하여 지리산팔랑나비라 명명하였다. 국외에는 일본, 대만, 중국에 분포한다.

날개 윗면은 검은색이고 아랫면은 밝은 황갈색이다. 앞날개에는 윗면과 아랫면 모두 흰점무늬가 있지만, 뒷날개에는 아랫면에만 흰 점이 있다. 검은색의 배에는 흰색의 마디 무늬가 뚜렷한 것이 특징이다. 암컷은 수컷보다 날개 윗면의 바탕색이 다소 연하고 흰 무늬가 약간 크다.

성충은 연 1회 발생하며 6월에서 8월에 걸쳐 나타나는데, 주로 엉겅퀴나 큰까치수영의 꽃을 즐겨 찾으며 햇볕이 덜 쬐는 숲 가장자리나 숲속의 빈터에서 산다. 팔랑나비 중에서는 느리게 나는 편이며, 앉을 때는 날개를 완전히 뒤로 접기 때문에 흰점박이 무늬가 선명하게 보인다. 애벌레로 월동한다.

---

* **출현시기** 6월~8월　* **출현회수** 1회　* **사는곳** 숲속, 풀밭
* **월　　동** 애벌레　* **앞날개길이** 16~18mm

지리산팔랑나비 앉을 때 날개를 접는 것이 특징이다. 날개 아랫면은 밝은 황갈색이며 흰 점 무늬가 선명하게 나있다.

지리산팔랑나비는 배 마디에 흰 줄무늬가 특징이다.

지리산팔랑나비의 빨대는 갈색이다.

48. 왕자팔랑나비 *Daimio tethys*

나비목 팔랑나비과

우리나라 어디서나 볼 수 있다. 국외로는 일본, 중국, 대만 미얀마 등에 분포한다.

날개 윗면은 검은색에 가까운 밤색이고 가운데 부분과 가장자리 부분에 크고 작은 흰 점 무늬가 있다.

야산의 수풀 지대와 경작지 주변의 풀밭에 살면서, 엉겅퀴, 개망초, 꿀풀 등 여러가지 꽃에 모인다. 성충은 5~6월과 8~9월에 두번 나타나는데, 짝짓기를 끝낸 암컷은 애벌레의 먹이식물인 참마, 단풍마 등, 마과 식물의 어린 새순 윗면에 1개씩의 알을 낳는다. 이때 암컷은 금방 낳은 알 위에서 몸을 흔들어 자신의 털로 알을 덮어서 위장하는 독특한 산란 행태를 보인다.

참나무류의 넓은 나뭇잎 아랫면에서 날개를 펴고 거꾸로 붙어서 휴식하곤 하는데, 이는 왕자팔랑, 왕팔랑, 대왕팔랑나비(*Satarupa nymphalis*)들의 공통적인 습성이다. 애벌레로 월동한다.

---

* **출현시기** 5~6월, 8~9월
* **출현회수** 연 2회
* **사 는 곳** 숲속, 경작지 주변
* **월   동** 애벌레
* **앞날개길이** 16~18mm

왕자팔랑나비 앉을 때 날개를 활짝 펴는 습성이 있다.

왕자팔랑나비 암컷이 산란한 후 몸을 흔들어 털로 알을 위장하고 있다.

왕자팔랑나비 날개는 어두운 밤색에 크고 작은 흰점박이 무늬가 있다.

49. 왕팔랑나비 *Lobocla bifasciata*

**나비목
팔랑나비과**

우리나라 전역에서 볼 수 있다. 해외로는 대만과 중국 등에 분포한다.

날개 앞면은 밤색바탕에 앞날개 가운데에 있는 5조각의 흰색 무늬가 모여 1개의 넓은 띠를 만든다. 앞날개 끝 부분에도 3개의 작은 흰 무늬가 불규칙한 모습으로 있다. 날개 아랫면은 검푸른 빛을 띠며 앞면과 같은 위치에 흰 무늬가 있다.

낮은 산지의 경작지 주변이나 산 길가의 키 작은 나무가 많은 장소에 산다. 매우 빠르게 날지만 앞날개를 수직으로 세우고 앉지는 않는다. 암수 모두 꿀풀, 엉겅퀴, 개망초, 기린초, 큰까치수영 등에서 꿀을 빨고 밤에는 불빛에 유인되기도 한다.

성충은 연 1회 출현하는데 5~7월 사이에 나타난다. 암컷은 콩과의 풀싸리, 참싸리, 칡, 아까시나무의 잎 뒷면에 공 모양의 알을 1개씩 낳는다. 애벌레는 먹이식물의 잎 두 장을 실을 토해 서로 엮고 그 속에서 생활한다. 애벌레로 월동한다.

---

* **출현시기** 5~7월 * **출현회수** 연 1회 * **사는곳** 야산, 숲속, 경작지 주변
* **월   동** 애벌레 * **앞날개길이** 22~26mm

큰까지수영 꽃을 찾은 왕팔랑나비.

왕팔랑나비
앞날개의 흰무늬가
있는 부분은 비늘이
없어 투명하다.

50. 유리창떠들썩팔랑나비 *Ochlodes subhyalina* 나비목 팔랑나비과

부속도서를 제외한 우리나라 전역에 분포한다. 국외에는 일본, 사할린, 유럽, 아시아대륙 북부까지 넓게 분포하는 종이다. 떠들썩팔랑나비류는 숲속에서 지그재그로 빠르게 나는 모습이 워낙 요란스러워서 떠들썩이란 이름이 붙여졌다.

날개에는 투명한 막질이 있어 유리창떠들썩이 되었다. 날개 윗면은 황갈색인데 테두리는 짙은 밤색이다. 수컷은 앞날개에 금색 또는 은색의 털뭉치가 있다.

성충은 연 1회 발생하는데 6월 중순에서 8월에 걸쳐 나타난다. 암컷이 수컷보다 약간 크고 색깔도 짙은 편이다. 숲속이나 꽃밭에서 많이 볼 수 있으며 엉겅퀴, 개망초, 동자꽃, 마타리, 큰까치수영 등의 꽃에서 꿀을 빤다. 유충기의 먹이식물은 참억새나 왕바랭이, 그리고 사초과 풀인 그늘사초 등이다. 교미를 마친 암컷은 식초 위에 알을 한 개씩 낳는다.

---

* **출현시기** 6월 중순~7월 중순
* **출현회수** 연 1회
* **사 는 곳** 숲속, 꽃밭
* **월   동** 애벌레
* **앞날개길이** 15~20mm

유리창떠들썩팔랑나비
떠들썩팔랑나비류는
나는 모습이 요란하여
붙여진 이름이다.

유리창떠들썩팔랑나비는
앞날개에 투명한 막질이 있다.

51. 푸른곱추재주나방 *Rabtala(Nadata) splendida* 나비목 재주나방과

우리나라 전역에서 볼 수 있다. 국외로는 일본, 중국, 우수리 등지에 분포한다.

날개색은 전체적으로 황갈색 바탕에 앞날개 뒤편(후연부)으로 노랑색 반점이 크게 발달하였다. 이 부분은 날개를 접고 앉으면 중앙부분에서 타원으로 보인다. 특히 앞날개에는 두 갈래 갈색선이 선명한데, 이로 인해 날개를 접고 앉으면 X자 모양이 형성된다. 앞날개 바깥쪽(외연)은 톱날처럼 파형을 이루지만 뒷날개는 완만한 곡선을 이룬다. 앞날개 중실의 끝에는 흰 점무늬가 한 쌍씩 있는데, 바깥 것이 작고 안쪽 것이 약간 큰 편이나 투명하지는 않다. 뒷날개는 아래 윗면이 모두 담황색으로 아랫면은 윗면보다 옅으며 무늬도 없다. 수컷의 더듬이는 빗살 모양이고, 암컷은 실모양이다.

성충은 5~6월, 7~8월에 걸쳐 일 년에 두 번 발생하며 어디에서나 흔하게 볼 수 있다.

---

* **출현시기** 5~8월, 7~8월
* **출현회수** 연 2회
* **기주식물** 꾸지나무
* **월   동** 번데기
* **앞날개길이** 28~32mm

푸른곱추재주나방
날개를 접고 앉으면
X자 무늬가 형성된다.

푸른곱추재주나방의
앞날개 바깥쪽은 톱날처럼
파형을 이룬다.

52. 포도유리날개알락나방 *Illiberis tenuis*

나비목 알락나방과

부속 도서를 제외한 우리나라 전역에서 볼 수 있다. 국외로는 일본과 중국에 분포한다.

몸색깔은 검정색으로서 별다른 무늬는 없으나 광택이 나는 청남색 비늘이 있다. 날개는 투명하다. 더듬이는 암컷은 가는 실모양이고 수컷은 약간 날카로운 빗살모양으로 생겼다. 암수 모두 배는 매우 넓적하게 생겼는데, 가슴부터 배 끝까지가 막대형으로 너비가 일정하다. 사과알락나방(*Illiberis pruni*)이나 굴뚝알락나방(*Clelea fusca*) 등과 매우 흡사하여 구별하기가 쉽지 않다.

성충은 5월경 연 1회 출현하는데, 주로 낮에 돌아다니며 꽃에 잘 온다. 산딸기, 개망초 등의 꽃에서 꿀을 빤다. 유충은 배나무나 사과나무의 눈, 꽃봉우리, 잎 등을 갉아먹고 자라는데, 모여 사는 습성이 있고, 유충과 성충은 모두 천적으로부터 자신을 보호하기 위해 냄새나 분비물을 발산한다.

---

* **출현시기** 5~6월
* **출현회수** 연 1회
* **기주식물** 배나무, 사과나무
* **월 동** 애벌레
* **앞날개길이** 10~12mm

포도유리날개알락나방 개망초 꽃의 꿀을 빨고 있다. 날개가 투명하다.

굴뚝알락나방 날개가 불투명하고 청색이다.

사과알락나방 날개가 녹색이다.

53. 꼬리박각시 *Macroglossum stellaparum*

나비목 박각시과

울릉도를 제외한 우리나라 전역에서 볼 수 있다. 국외로는 일본을 비롯하여 유럽, 남부, 북아프리카, 인도 북부 등 광범위하게 분포하는 종이다.

몸통이 날개에 비해 해 매우 큰 편이다. 더듬이는 막대형에 끝부분이 뭉뚝하여 마치 나비처럼 보이지만 돋보기로 확대해 보면 스프링처럼 말려 있는 것을 알 수 있다. 앞날개는 암갈색이고 뒷날개는 밝은 주황색이다. 검정색의 배에는 흰색 털뭉치가 있어 금방 눈에 띤다.

성충은 이른 봄인 3월에 출현하는데 주로 낮에 활동하며 꽃을 찾는다. 꼬리박각시류들은 날갯짓이 빨라 정지비행을 할 수 있으며, 빨대를 길게 뻗어 꿀을 빨기 때문에 자칫 벌새로 오해하는 사람이 많다. 성충으로 월동하기 때문에 겨울에도 주택이나 상가에서도 실내로 들어와 날아다니는 경우도 있다.

---

* **출현시기** 3~10월
* **출현회수** 연 1회
* **기주식물** 큰잎갈퀴, 흰솔나물
* **월 동** 성충
* **앞날개길이** 20~30mm

꼬리박각시 성충은 주간에 꽃밭에서 주로 볼 수 있다.

꼬리박각시는 마치 벌새처럼 꽃 앞에서 정지비행을 하며 긴 빨대로 꿀을 빤다.

54. 벚나무박각시 *Phyllosphingia dissimilis* 나비목 박각시과

울릉도를 제외한 우리나라 전역에서 볼 수 있다. 국외로는 일본, 중국, 타이완, 필리핀, 시베리아 남동부 등지에 분포한다.

몸과 날개색은 회갈색이며 가슴 등판에는 중앙선을 따라 굵고 검은 선이 있다. 앞 뒤 날개의 바깥 가두리(외연)는 톱날 모양으로 생겼다. 암수에 따른 무늬상의 차이는 크게 없으며 다만 암컷의 배가 약간 더 통통하고, 수컷에는 없는 흰색의 가로 줄무늬가 발달하였다. 뒷날개에는 흐릿한 물결무늬가 3개 있으며 날개 끝은 둥그스름하다.

성충은 5~7월에 출현하는데 교미를 마친 암컷은 호두나무 또는 벚나무 등에 산란한다. 노숙유충은 나무에서 내려와 번데기로 월동한다. 성충은 낮에는 거의 활동하지 않으며 밤에는 불빛에 날아든다.

---

* **출현시기** 5~7월
* **출현회수** 연 1회
* **기주식물** 호두나무, 벚나무
* **월   동** 번데기
* **앞날개길이** 46~55mm

벚나무박각시 앉을 때는 뒷날개를 앞으로 올리고 앞날개는 뒤로 내리는 경향이 있어서 독특한 모습으로 보인다.

벚나무박각시의 앞 · 뒷날개의 가장자리는 톱날처럼 생겼다.

55. 녹색박각시 *Callambulyx tatarinovii*

나비목
박각시과

우리나라 전역에서 볼 수 있다. 국외로는 일본, 중국, 아무르에 분포한다.

몸통과 날개 모두 녹색이 기조를 이루고 있으며, 이 녹색 무늬는 마치 화선지에 물감으로 그린 듯, 농담의 변화가 강하다. 특히 가슴 등판에 짙은 녹색 무늬가 있으며, 배 윗면은 연녹색 바탕에 흰색의 마디 무늬가 가로로 있다. 앞날개의 날개 끝(시정)에는 삼각형의 녹색무늬가 있다. 뒷날개의 중앙은 엷은 분홍색이 발달하였다. 날개 아랫면은 노랑색 바탕에 녹색의 선 무늬가 있다.

성충은 1년에 두 번 출현 하는데, 5월에 나왔다가 산란한 개체가 7월이면 우화한다. 대부분의 박각시들처럼 날개를 접고 앉을 때는 삼각형 모양이 된다. 유충은 느릅나무와 느티나무를 먹으며, 개체 수는 비교적 많은 편이다.

* **출현시기** 5~6월, 7~8월
* **출현회수** 연 2회
* **기주식물** 느릅나무와 느티나무
* **월 동** 번데기
* **앞날개길이** 31~36mm

녹색박각시 밤새 쉴새없이 날아다녔던 녹색박각시가 낮에는 나뭇가지에 매달려 잠을 자고 있다.

녹색박각시의 날개 구조는 빠른 비행에 적합하도록 되어 있다.
녹색물감으로 화선지에 그려낸 듯 무늬가 아름답다.

56. 두줄제비나비붙이 *Epicopeia menciana* 나비목 제비나비붙이과

부속도서를 제외한 우리나라 전역에서 볼 수 있다. 국외로는 중국에 분포한다. 일명 제비나방이라고도 부르는데, 그것은 제비나비(특히 사향제비나비)와 꼭 닮았기 때문이다. 우선 검은 바탕에 붉은 점박이 무늬가 뒷날개 끝에는 물론 배에도 사향나비와 비슷한 위치에 돋아 있다. 다만 날개돌기는 그 끝이 잘려 나간 것처럼 날카로우며 앞날개가 시작되는 머리 뒤편에도 사향제비나비에는 없는 붉은 털뭉치가 한 쌍 있다. 또한 더듬이 끝은 뾰족하다.

유충은 매우 특이하게 생겼는데, 뽕나무이(*Anomoneura mori*)처럼 몸에 밀랍같은 흰털이 나 있을 뿐 아니라 머리를 똬리 틀어 몸에 붙이기 때문에 그 형태를 알아볼 수 없게 되어 있다. 유충은 한 가지에 수 십 마리가 붙어서 사는데, 느릅나무 잎을 즐겨 먹으며 9월경 노숙유충이 되면 땅으로 내려와 10월이면 번데기를 짓는다. 번데기를 지을 때는 하얀 탈을 다 벗게 되며 번데기 색깔은 갈색이다.

사향제비나비와 비슷하게 생겼지만 사향제비나비가 향긋한 냄새를 풍기는 반면, 두줄제비나비붙이는 유충과 성충 모두 악취를 풍긴다.

---

* **출현시기** 7~8월   * **출현회수** 연 1회
* **기주식물** 느릅나무, 소사나무, 비술나무
* **월   동** 번데기   * **앞날개길이** 45mm

두줄제비나비붙이

검은 바탕에 붉은 점무늬가
마치 사향제비나비처럼 보인다.

두줄제비나비붙이는
낮에 활동하고 주로 꽃에 오기
때문에 나비로 착각하기 쉽다.

두줄제비나비붙이 날개는 검은색임에도
불구하고 햇빛이 투과되는 반투명 막질이다.

애벌레는 몸을 흰 털뭉치로 위장하여 독특한
모양을 하고 있다. 고약한 냄새를 풍긴다.

57. 대왕박각시 *Langia zenzeroides*

나비목
박각시과

우리나라 전역에서 볼 수 있다. 국외로는 일본, 중국, 타이완, 인도 등지에 분포한다.

박각시류 중에서는 단연 가장 큰 종이며, 모든 나방 중에서도 대형에 속한다. 전체적으로 회색 바탕에 검정색 줄무늬와 점무늬가 군데군데 발달하였다. 특히 가슴 등판의 양 옆으로 눈과 같이 생긴 검은색 점무늬가 특징이다. 앞날개의 가장자리에는 톱날모양으로 생겼는데 외각선을 따라 검정색 줄무늬가 연결되어 그 형태가 더욱 강조되고 있다.

성충은 이른 봄인 4월 중순경에 출현한다. 수컷은 보통 암컷보다 일찍 우화하는데, 페로몬 냄새를 맡은 수컷은 아직 우화하지 않은 암컷의 번데기 옆에서 미리 기다린다. 번데기에서 나오자마자 교미한 암컷은 계란모양의 노란 연두색 알을 복숭아나무 가지에 50개 이상 낳는다. 유충은 녹색으로 꼬리부분에는 박각시 특유의 돌기가 달려 있다. 번데기는 땅위에 지으며, 짙은 갈색으로 변하여 낙엽이나 돌 밑에서 월동한다.

---

* **출현시기** 4월   * **출현회수** 연 1회   * **기주식물** 복숭아나무
* **월   동** 번데기   * **앞날개길이** 65mm

대왕박각시 앞날개 바깥쪽이 톱날처럼 생겼다. 몸색은 회색이다.

대왕박각시 생긴 모습이 마치 스텔스전투기 같다.

대왕박각시 번데기 낙엽이나 땅 위에 짓는다.

58. 가중나무고치나방 *Samia cynthia*

나비목 산누에나방과

우리나라 전역에서 볼 수 있다. 국외로는 일본, 중국, 타이완, 말레이시아까지 넓게 분포하는데, 동남아 종은 세계에서 가장 큰 나방에 속한다. 앞날개 끝에 뱀눈 모양의 무늬가 있어 중국과 타이완에서는 일명 사두아(蛇頭蛾: 뱀머리나방)라 부른다.

날개색은 전체적으로 갈색바탕에 약간의 흰색과 분홍색의 무늬가 선명하게 그려져 있다. 앞날개 최 선단은 돌출되고 검은색 눈알 무늬까지 있어 마치 뱀눈처럼 보이는데, 이는 새들의 공격으로부터 자신을 보호하려는 의태술로 여겨진다. 실제로 앉아 있는 나방을 건드리면 위협적인 날개 짓으로 뱀의 행동을 흉내 낸다.

성충은 5월부터 출현하여 9월가지 활동하는데, 보통은 연 1회 출현하나 따뜻한 지역에서는 연 2회까지도 출현한다. 유충은 색이 우윳빛이며 검은 반점이 많고 몸에는 작은 가시돌기들이 나 있어 마치 열매나 꽃처럼 보이기도 한다. 기주식물은 가중나무(=가죽나무: 가짜 죽나무), 소태나무, 대추나무 등이다.

---

* **출현시기** 5월 * **출현회수** 연 1~2회
* **기주식물** 가중나무, 소태나무, 대추나무
* **월　　동** 번데기 * **잎날개길이** 55~70mm

가중나무고치나방 땅에 앉으면 역삼각형 무늬가 형성된다. 앞날개 끝이 뱀머리처럼 생겨 마치 두 마리 뱀이 도사리고 있는 것 같이 보인다.

가중나무고치나방의 성충은 6~7월에 가장 많이 보이며 불빛에 유인되어 날아든다.

59. 옥색긴꼬리 산누에나방 *Actias gnoma*

나비목
산누에나방과

우리나라 전역에서 볼 수 있는 매우 아름다운 나방이다. 국외로는 일본, 중국 북부 등에 분포한다.

색깔은 옥색저고리처럼 깨끗하고 부드러우며 날개는 연약하여 쉽게 찢어진다. 앞날개 외연에는 적자색의 테두리 맥이 굵게 지나가는데, 커다란 날개를 움직이기 위한 구조적 역할을 한다. 나는 모습은 연이 바람을 못 받아 이리 저리 움직이는 것처럼 펄떡럭 펄럭 방향성 없이 난다. 암컷의 날개꼬리는 수컷에 비해 뭉뚝한 편이다. 이 종은 긴꼬리산누에나방(*Actias artemis*)과 매우 유사하여 구별이 쉽지 않다. 긴꼬리산누에나방보다 날개 끝이 뾰족한 편이며, 뒷날개의 꼬리돌기도 약간 긴 편이다.

성충은 4월에 출현하기 시작하여 8월까지 두 번 나타나는데, 주로 밤에 활동하며 불빛에 많이 유인된다. 반면, 낮에는 날지 않으며 나뭇잎에 앉아 휴식을 취하는데, 건드려도 잘 움직이지 않는다. 유충은 단풍나무, 녹나무 등의 잎을 먹는다.

* **출현시기** 4~8월
* **출현회수** 연 2회
* **기주식물** 단풍나무, 녹나무
* **월   동** 번데기
* **앞날개길이** 60~70mm

옥색긴꼬리산누에나방(수컷) 앞날개를 수평으로 펴고 앉았다(앞날개선이 거의 직선을 이룬다).

긴꼬리산누에나방(암컷) 옥색긴꼬리산누에나방에 비해 꼬리돌기가 약간 짧다.

우화중인 긴꼬리산누에나방(암컷) 암컷의 꼬리돌기는 수컷보다 짧고 뭉뚝하다.

60. 왕물결나방 *Brahmaea certhia*

나비목
왕물결나방과

우리나라 중부 이북지방에서 주로 볼 수 있는 대형 나방이다. 국외로는 중국 중북부, 러시아에 분포한다. 산왕물결나방(*Brahmaea tancrei*)과 매우 유사한 종이다.

커다란 날개에 잔잔한 물결무늬가 그려져 있어서 붙여진 이름이다. 날개색은 전체적으로 갈색바탕에 검은색이 많이 발달하였다. 더듬이는 암수 모두 양빗살 모양인데 빗살은 짧은 편이다. 날개 테두리선은 나비처럼 완만하고 단순한 곡선을 이루며, 시맥을 따라 청색이 돋아나 보인다. 앞날개 바깥가두리 안쪽으로는 반원형의 무늬가 규칙적으로 배열되어 있는데 특히 날개 외곽선을 따라서는 무늬의 윤곽이 뚜렷하지 않아 마치 뭉개진 것처럼 보인다. 왕물결나방과 산왕물결나방의 외형상 가장 큰 차이는 배에 그려진 흰색 마디무늬의 유무에 따라 구별된다.

성충은 6~7월에 한번 출현하며 야간에 활동하는데, 밝은 불빛에 날아든다. 유충은 쥐똥나무, 광나무를 먹는다.

* **출현시기** 6~7월
* **출현회수** 연 1회
* **기주식물** 쥐똥나무, 광나무
* **월 동** 번데기
* **앞날개길이** 60mm

왕물결나방
밤에 날아온 왕물결나방이 아침까지 붙어 있다.

왕물결나방은 날개 뒷면에도 물결무늬가 있다.

산왕물결나방
산왕물결나방은 배마디무늬가 없다.

61. 길앞잡이 *Cicindela chinensis flammifera*

딱정벌레목 길앞잡이과

우리나라 전역에 분포하는 아름다운 갑충이다. 사람이 발길을 움직일 때마다 저만치씩 날아가기 때문에 길앞잡이라 이름 지어졌다. 국외로는 일본 중국 등 널리 분포한다.

딱지날개의 색은 금록색, 금적색, 금청색 등 다양한 색이 어우러져 화려하게 빛나는데, 특히 배 부분은 금속성 광택을 하고 있다. 지역에 따라 딱지날개의 문양과 색은 여러 가지 변이를 보이고 있다.

성충은 포식성이며 매우 사납고 입의 구조가 날카로워 맨손으로 잡을 경우 물리면 큰 상처가 날 정도이다. 4월경부터 출현하여 10월 까지 볼 수 있는데, 양지바른 산지의 산길을 따라 활동한다. 성충으로 월동하기 때문에 이른 봄에 보이는 것들은 모두 겨울잠에서 깨어난 월동 개체들이다. 5월경 짝짓기를 마친 암컷이 산란하면 7월경 번데기가 되고 8월이면 성충으로 우화한다.

---

* **출현시기** 4~5월, 9~10월
* **출현회수** 연 2회
* **사 는 곳** 비포장도로, 운동장, 산길
* **월　　동** 성충
* **몸 길 이** 18~20mm

길앞잡이 길앞잡이의 몸은 땅바닥에서 상당히 떨어져 있다.
빠른 속도로 달리도록 진화된 것이다.

길앞잡이의 입은 매우 날카롭고
튼튼한 구조를 하고 있다.

길앞잡이 딱지날개의 색깔은 지역에 따라
약간씩 변이를 보인다.

62. 넓적사슴벌레

Serrognathus platymelus castanicolor

딱정벌레목
사슴벌레과

우리나라 전역에 분포하는 가장 흔하면서도 대표적인 사슴벌레이다. 국외로는 일본, 대만 중국 및 인도차이나 지역에 넓게 분포한다.

이름에서 알 수 있듯이 몸 전체가 넓고 납작한 모양이며, 다른 사슴벌레들과는 달리 수컷의 집게(큰 턱)가 편편하게 뻗어 나와 몸과 일체형이 되어 있다. 암컷은 수컷에 비해 크기가 월등히 작지만 껍질의 광택은 훨씬 강하다.

자연 상태에서 성충은 참나무류의 뿌리 밑 부분을 깊이 파고 들어가 월동하는데, 월동을 마친 성충은 5~10월에 참나무 수액에 모여들고, 떨어진 과실의 즙에 모이기도 한다. 야행성이기 때문에 낮에는 주로 나무 속 구멍이나 틈바구니에서 쉬다가 어두워지면 활동한다. 유충은 주로 썩은 참나무나 오리나무 속에서 발견된다. 성충의 수명은 약 1~2년이다.

---

* **출현시기** 5~10월
* **출현회수** 연중
* **사 는 곳** 참나무 숲
* **월   동** 성충
* **몸 길 이** 수컷 : 20~85mm, 암컷 : 25~45mm

넓적사슴벌레
참나무 진을 좋아한다.

넓적사슴벌레
사슴벌레는 낮 동안 나무구멍이나
뿌리 밑 둥지에 숨어 있다가
밤에 활동하는 야행성이다.

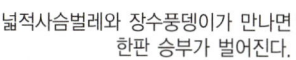

넓적사슴벌레와 장수풍뎅이가 만나면
한판 승부가 벌어진다.

63. 왕사슴벌레 *Dorcus hopei*

딱정벌레목
사슴벌레과

　우리나라 중부 이남에 분포하지만 자연 상태에서의 개체 수는 그리 많지 않은 종이다. 국외로는 일본과 중국 등지에 분포한다.

　몸 빛깔은 넓적사슴벌레보다는 약간 광택이 나는 흑색인데, 수컷의 집게(큰 턱)가 안쪽으로 둥그렇게 말려 두 갈래로 갈라진 것이 특징이다. 암컷은 수컷에 비해 크기가 월등히 작으며 등딱지도 광택이 나기 때문에 넓적사슴벌레의 암컷과 구별이 쉽지 않다. 다만 암컷의 집게 턱은 짧고, 끝 부분이 수컷과 마찬가지로 두 갈래로 갈라져있는 것이 특징이다. 또한 암컷의 딱지날개 표면에는 가는 줄무늬가 있다.

　성충은 6~9월에 수액에 모여들고, 야행성이므로 낮에는 나무 구멍 속에 숨어 있다가 밤에 주로 활동하며 종종 불빛에도 날아든다. 성충으로 월동하며 수명은 사슴벌레류 중에서는 가장 긴 2~3년 정도이다. 유충은 죽은 상수리나무나 참나무 등에서 발견된다.

---

* **출현시기** 6~9월
* **출현회수** 연 1회
* **사 는 곳** 참나무 숲
* **월　　동** 성충
* **몸 길 이** 수컷 : 40~73mm,　암컷 : 30~42mm

왕사슴벌레 성충은 참나무 수액에 모인다. 집게턱은 안쪽으로 휘여 두 갈래로 되어 있다.

왕사슴벌레는 수명이 길기 때문에 애완용으로 인기가 있다.

우화에 실패한 왕사슴벌레의 번데기. 왕사슴벌레 유충은 썩은 참나무를 파먹고 산다.

64. 톱사슴벌레 *Prosopocoilus inclinatus*

딱정벌레목
사슴벌레과

우리나라 전역에 분포하지만 자연산은 개체 수가 그리 많지 않은 편이다. 국외로는 일본과 중국 등지에 분포한다.

수컷의 큰 턱의 길이는 약 6~25mm 로서 활처럼 휘어 마치 쇠스랑같이 생겼다. 몸 빛깔은 전체가 검은 바탕에 붉은색이 많이 돌고 광택은 없다. 머리는 뾰족하게 생겼는데 가운데가 약간 함몰되어 골이 지었다. 성충 수컷은 개체변이가 커서 턱이 일자형인 가위처럼 생긴 개체들도 많기 때문에 같은 종인지 구별이 어려울 때가 많다.

성충은 6~8월에 참나무류의 수액에 잘 모여들고, 밤에는 불빛에도 날아든다. 유충은 습기가 있는 썩은 참나무류 속에서 발견된다. 짝짓기를 마친 암컷은 나무둥치 밑을 파고 들어가 알을 낳는다. 톱사슴벌레는 추위에 약한 편이어서 넓적사슴벌레나 왕사슴벌레보다 수명이 짧다.

---

* **출현시기** 6~8월
* **출현회수** 연 1회
* **사 는 곳** 활엽수, 숲
* **월   동** 애벌레 또는 성충
* **몸 길 이** 수컷 : 23~45mm, 암컷 : 23~33mm

톱사슴벌레(수컷) 약간 붉은색이 돌며 몸에 광택이 없다.

톱사슴벌레의 큰 턱은 활처럼 휘었다.

톱사슴벌레의 머리는 뾰족하고 가운데가 약간 함몰되어 있다.

65. 사슴벌레

Lucanus maculifemoratus dybowskyi

딱정벌레목
사슴벌레과

우리나라 중부 이북지방에 분포하는 고유종이다. 곤충 중에는 사슴벌레과의 '사슴벌레'처럼 과명과 종명이 동일한 것들이 몇 가지 있는데(예: 하늘소과 '하늘소'), 사슴벌레라고 이름 지어진 것은 바로 이 종의 큰 턱이 수사슴의 뿔을 닮았기 때문이다.

수컷은 턱과 이마가 매우 발달하여 돌출되었고, 집게 안쪽으로는 잔 톱니들이 많이 나 있다. 몸 빛깔은 다른 사슴벌레들이 주로 검정색을 띠는 반면, 이 종은 갈색 또는 황갈색을 띠는 것이 특징이다. 다만 이 종은 다른 종보다 개체변이가 심하여 크기가 훨씬 작거나 집게 턱이 전혀 다르게 생긴 개체들이 자주 출현하여 서로 다른 종으로 오인하기 쉽다. 이 종의 가장 확실한 형태적인 특징으로는 배 부분의 다리 마디에 황색 무늬가 있다는 점이다.

성충은 6~9월에 출현하여 활엽수림에서 참나무 진에 모인다. 넓적사슴벌레와 왕사슴벌레의 수명이 2~3년 되는데 반해 사슴벌레의 수명은 1~2달밖에 살지 못한다.

* **출현시기** 6~9월
* **출현회수** 연 1회
* **사 는 곳** 활엽수림
* **월   동** 애벌레
* **몸 길 이** 수컷 : 27~50mm, 암컷 : 23~40mm

사슴벌레(수컷) 밤에는 불빛에 유인되어 날아온다. 사슴벌레는 중부 이북지방에만 분포한다. 인공증식이 어려워 애완용으로는 아직 개발되지 못하였다.

사슴벌레(암컷) 사슴벌레는 다리허벅마디가 주황색을 띠는 것이 특징이다.

66. 두점박이사슴벌레 *Metopodontus blanchardi* 딱정벌레목 사슴벌레과

우리나라에서는 제주도 한라산 이남에만 서식하고 있는 환경부 지정 보호종이다. 국외로는 동남아시아 일대에 널리 분포하는 열대우림 종이다.

몸 색깔은 황갈색이며 암수 모두 가슴 양 쪽에 검은색 반점이 한 쌍이 있다. 가슴 가운데 부분은 약하게 적갈색의 선이 세로로 나타나고 딱지날개의 봉합선을 중심으로 검은색이 짙게 나타난다. 수컷은 머리 가운데에 한 쌍의 작은 돌기가 돌출되어 있으며 큰 턱이 시작하는 부분에도 큰 톱니가 안쪽으로 있고, 끝 부분에도 작은 톱니가 4~5개 나 있다.

성충은 낮에는 쉬거나 숨어 있다가 주로 밤에 활동한다. 넓적사슴벌레와 한 나무에서 공존하지만 경쟁에서는 밀리는 편이다. 교미를 마친 암컷은 7~8월 사이에 산란하는데, 썩은 나무나 부엽토에 밝은 황백색의 알을 낳는다. 알은 2주 정도 후에 부화하고, 애벌레는 나무의 목질이나 부엽토를 먹고 자란다. 알에서 성충이 되기까지는 약 260일 정도 걸리는 것으로 밝혀졌다.

*출현시기 6~9월 *출현회수 연 1회 *사 는 곳 활엽수림
*월   동 애벌레 또는 성충 *몸길이 수컷 45~65mm, 암컷 28~39mm

두점박이사슴벌레(수컷)
두점박이사슴벌레는 항상 더듬이를
바들바들 떠는 습성이 있다.

두점박이사슴벌레(암컷)
암컷은 수컷보다 작고
집게턱이 발달하지 않았다.

짝짓기를 하는 두점박이사슴벌레 암수.

번데기방을 짓고 용화한 수컷.

67. 참콩풍뎅이 *Popillia flavosellata*

딱정벌레목
풍뎅이과

제주도를 비롯한 우리나라 전역에서 볼 수 있다. 국외로는 일본, 중국, 타이완 등에 분포한다.

몸 색은 전체적으로 짙은 검정 색에 약간의 청색 기운이 감돈다. 머리와 가슴, 등딱지날개의 표면은 광택이 강하며, 세로로 약한 줄무늬가 있다. 콩풍뎅이와 비슷하지만 검은 바탕의 몸에 흰색 점이 배 옆구리에 5쌍, 배 끝 부분에 1쌍 선명하게 나 있는 점이 특징이다. 이 흰색 점무늬는 수컷에서 더 뚜렷하고 확실하게 나타난다. 복부 아랫면에는 흰색 털이 발달하였다.

성충은 주로 늦게 출현하는 편이어서 6월 말 정도에 나타나 8~9월까지 활동한다. 평지의 풀밭이나 산 정상의 풀밭 등에서 무리지어 활동을 하는 것을 많이 볼 수 있는데, 먹이로는 칡, 싸리, 고삼 등 콩과식물을 주로 먹는다. 유충은 땅속에서 식물의 뿌리를 먹고 자라며 월동은 애벌레로 한다.

---

* **출현시기** 6~9월
* **출현회수** 연 1회
* **사 는 곳** 활엽수림, 초원, 야산
* **월 동** 애벌레
* **몸 길 이** 8~13mm

참콩풍뎅이 배 측면으로 마디 마다 흰 점이 뚜렷하다.

참콩풍뎅이의 천체적인 모양은 럭비공같은 타원형이다.

68. 풍뎅이 *Mimela splendens*

딱정벌레목
풍뎅이과

제주도를 비롯한 우리나라 전역에서 볼 수 있다. 국외로는 일본, 중국, 시베리아는 물론 타이완, 미얀마, 인도차이나 반도 등까지 널리 분포한다.

몸 색은 전체가 금색 광택이 나는 녹색에 약한 구릿빛이 감돈다. 개체변이가 심하여 붉은빛이나 자줏빛을 띤 개체들도 종종 보인다. 앞가슴 등판의 양 옆 중간부분에는 마치 찌그러진 것 같은 불규칙한 주름이 있으며, 딱지 날개에는 세로로 희미한 줄무늬가 배열되어 있다. 딱지날개 뒤쪽의 너비가 넓다.

성충은 주로 5~8월에 출현하며 강변이나 야산, 들녘에서 많이 보인다. 주로 벚나무, 상수리나무, 오리나무 등 여러 가지 다양한 활엽수의 잎을 먹는다. 유충은 땅속에서 식물의 뿌리를 먹고 자란다. 애벌레로 월동한다.

---

* **출현시기** 5~8월
* **출현회수** 연 1회
* **사 는 곳** 활엽수림, 초원, 야산
* **월   동** 애벌레
* **몸 길 이** 17~25mm

풍뎅이 몸 색깔이 마치 금박을 입힌 것처럼 광택이 난다.

풍뎅이는 주로 오전에 짝짓기 한다.

69. 왕풍뎅이 *Melolontha incana*

딱정벌레목 검정풍뎅이과

우리나라 전역에서 볼 수 있으며 국외로는 일본, 중국 동북부 등에 분포한다. 몸 길이가 25~33mm로서 장수풍뎅이 다음으로 큰 풍뎅이이다.

몸빛은 적갈색 또는 황갈색이며 형태는 타원형인데 온몸에 짧은 황색의 솜털이 나 있다. 앞다리 중절마디에는 2개의 가시 돌기가 있다. 뒷가슴의 배 쪽은 가늘고, 긴 막대 모양의 돌기가 앞쪽에서 목 근처까지 늘어져 있다.

성충은 6~8월에 출현하는데 낮에는 참나무나 밤나무 잎 등을 먹고, 짝짓기를 마친 암컷은 부엽토나 땅 속에 알을 낳는다. 유충은 초기에는 부엽토를 먹고 자라면서 참나무류의 뿌리를 먹고 살다가 2년째 월동 후 지표면 가까이에 흙집을 짓고 번데기 과정을 거친 뒤 성충이 된다. 암컷의 더듬이는 작은 반면 수컷은 더듬이가 크고 술이 많다. 여름에는 산지 주변의 주유소 불빛에 유인되어 많이 날아온다.

* **출현시기** 6~8월
* **출현회수** 연 2회
* **사 는 곳** 숲, 산지
* **월 동** 유충
* **몸 길 이** 30~40mm

왕풍뎅이 낮에는 숲에서 활동하다 저녁에는 불빛에 날아든다.

왕풍뎅이 머리는 작고 머리방패는 직사각형이다.

70. 장수풍뎅이 *Allomyrina dichotoma* 딱정벌레목 장수풍뎅이과

예전에는 중부 이남과 제주도에 주로 분포하던 종이었으나 온난화의 영향으로 최근에는 강원도와 경기북부까지 서식지가 확대되었다. 국외에는 일본, 중국, 타이완, 인도차이나 반도 등에 넓게 분포한다.

수컷의 머리에는 긴 뿔이 달려있는데, 그 끝에는 날카로운 3개의 가시돌기가 달려있다. 앞가슴등판에도 짧은 뿔이 달려있어서 적으로부터 방어할 때 머리를 힘껏 들어 올려 조이는 역할을 한다. 머리에 달린 큰 뿔은 사슴처럼 수컷의 상징일 뿐 아니라 사슴벌레나 같은 무리들 끼리 싸울 때 상대의 배 밑으로 넣고 순식간에 들어 올려서 집어던지는 무기로 사용한다. 암컷은 수컷보다 몸길이가 짧으며 뿔이 없다. 수컷은 등껍질이 매끄러운 반면, 암컷의 등껍질에는 부드러운 솜털이 나 있다.

성충은 7~9월에 참나무나 밤나무 수액에 모여드는데, 밤에는 불빛에 잘 날아든다. 유충은 썩은 낙엽이나 두엄 속에서 자라며, 3령으로 월동하고 이듬해 6~7월경에 번데기과정을 거쳐 성충이 된다.

* **출현시기** 7~9월　* **출현회수** 연 1회　* **사 는 곳** 참나무 숲
* **월　　동** 애벌레　* **몸 길 이** 30~85mm

장수풍뎅이(수컷)
자연산 장수풍뎅이는 무더운 여름날 밤에 매우 활발히 움직인다. 그러나 장수풍뎅이는 장수하지 못한다. 성충의 수명은 1~2달 정도 밖에 되지 않기 때문이다.

장수풍뎅이(암컷) 수컷보다 몸길이가 짧고 뿔이 없으며 등껍질에 부드러운 솜털이 나 있다.

장수풍뎅이알 알은 유백색이며 성냥골만하다.

71. 호랑꽃무지 (범꽃무지) *Trichius succinctus*

딱정벌레목 꽃무지과

우리나라 전역에서 볼 수 있다. 국외로는 일본을 비롯하여, 중국 동북부, 시베리아 동부 등지에 분포한다.

꽃무지류로서는 비교적 소형으로서 일명 범꽃무지라고도 한다. 딱지날개의 윗부분이 다른 종에 비해 상당히 평편하며 검은색 바탕에 갈색 줄무늬가 가로로 두 줄, 세로로 두 줄 나 있다. 가로줄무늬는 딱지날개를 거의 삼등분 하는 간격으로 나 있으며, 반면에 세로 두 줄은 가운데 봉합선을 중심으로 몰려 있다. 딱지날개가 시작되는 부분에도 갈색이 약하게 발달되었다. 딱지날개는 짧아서 배를 다 덮지 못하며, 온 몸에는 흰색 또는 황색의 잔털이 많이 나 있다. 입술을 보호하는 턱은 오리주둥이처럼 넓적하게 생겼다.

성충은 5월경에 출현하여 8월까지 볼 수 있다. 산과 들의 여러 가지 꽃에 모여들어 꽃가루를 먹으며 꽃 위에서 짝짓기 활동을 한다. 애벌레로 월동한다.

---

* **출현시기** 5~8월
* **출현회수** 연 1회
* **사 는 곳** 초원, 산 정상 풀밭
* **월　　동** 애벌레
* **몸 길 이** 8~13mm

호랑꽃무지 온몸이 잔털로 덮여 있으며, 턱은 오리주둥이처럼 생겼다.

큰카치수영 꽃에 여러 마리의 호랑꽃무지가 모여들었다.

짝짓기를 하고 있는 호랑꽃무지.

72. 사슴풍뎅이 *Dicranocephalus adamsi* 딱정벌레목 꽃무지과

우리나라 전역에 분포하지만 한정된 곳에서만 볼 수 있다. 국외로는 중국 서부와 티베트 동부에 분포한다.

머리 앞쪽으로 한 쌍의 사슴 뿔 같이 생긴 돌기(머리 방패)가 있어 이 이름이 붙었다. 앞 다리가 유난히 긴 것이 특징이며 위협을 느끼면 몸을 벌떡 일으켜 긴 앞발을 들어 올려 겁을 준다. 수컷의 머리에는 머리 방패가 있으나 암컷에는 없다. 몸 빛깔은 수컷은 등판과 딱지날개가 회백색인 반면 암컷은 흑갈색이다. 수컷은 앞가슴등판에 흑색의 2개의 굵은 세로 줄무늬가 있다.

야산의 잡목림 숲에서 5~6월에 볼 수 있는데, 특히 강변의 키작은 활엽수림에 많이 모인다. 성충은 5월에 우화하며 낮에는 수액이 나오는 곳에 여러 마리가 모여 있는 장면을 흔히 볼 수 있다. 특히 암컷을 차지하기 위해 수컷끼리 자주 싸운다. 밤에는 불빛에도 날아든다. 유충으로 월동하는 것으로 알려져 있지만 성충으로 월동하는 장면도 확인되었다. 유충은 부엽토 속에서 자라며, 이듬해 봄에 번데기가 된다.

---

* **출현시기** 5~6월　　* **출현회수** 연 1회　　* **사 는 곳** 숲, 강변
* **월　　동** 유충 또는 성충　　* **몸 길 이** 16~27mm

사슴풍뎅이(수컷) 사슴풍뎅이 수컷들은 만나기만하면 서로 싸운다.

사슴풍뎅이는 위협을 느끼면 앞다리를 벌리거나 들어 올려 허세를 부리지만 물지는 못한다.

사슴풍뎅이(암컷) 암컷은 뿔이 없고 몸색은 짙은 밤색이다.

73. 대유동방아벌레 *Agrypnus argillaceus*

딱정벌레목 방아벌레과

우리나라 전역에서 볼 수 있다. 국외에는 중국, 시베리아 동부, 대만, 인도네시아 등에 널리 분포한다. 몸이 뒤집어 지면 가슴과 배마디의 반동을 이용하여 튀어 올라 공중에서 한 바퀴 돌고 떨어지기 때문에 방아벌레라 한다.

몸 색깔은 심홍색 계통에서 갈색계통까지 약간의 변이를 보이나 주로 붉은 계통이 주류를 이룬다. 더듬이와 다리는 검은색을 띠며 머리와 목 사이에는 까만 털 뭉치가 있는 것이 특징이다. 머리와 가슴판은 머리와 배가 만나는 부분이 모두 날카롭고 뾰족하다. 이것은 뒤집어 졌을 때 몸을 꺾어 반동을 주기 위한 구조적 고안물로 보인다.

연 1회 발생하는데, 5~6월이 최성기이다. 몸 전체가 아름다운 적갈색의 비늘로 덮여있어 푸른색의 나뭇잎이나 가지에 붙어 있을 때 쉽게 눈에 띤다. 성충은 먹이 활동을 할 때를 제외하고는 나뭇잎이나 나뭇가지에서 쉬고 있을 때가 많다. 유충은 썩은 나무속에 사는데, 생김새가 마치 철사처럼 가늘고 긴 모습이다. 성충으로 월동한다.

---

* **출현시기** 4~7월   * **출현회수** 연 1회   * **사 는 곳** 풀숲
* **월   동** 성충   * **몸길이** 11~15mm

대유동방아벌레(갈색형)
작은 가지 위에서 잠시 쉬고 있다.

대유동방아벌레(적색형)

74. 왕빗살방아벌레 *Pectocera fortunei* Candéze

딱정벌레목 방아벌레과

우리나라 전역에 분포한다. 국외로는 일본, 중국 등지에 있다.

우리나라 방아벌레류 중에서는 가장 큰 종이다. 딱지날개에 세로로 깊은 골이 빗살처럼 져 있다. 몸 빛깔은 전체적으로 고르게 흑갈색이며, 앞가슴등판과 딱지날개에는 회색의 얼룩무늬가 있다. 촉각은 긴 편이고 색은 황갈색이며, 제4마디 이하는 톱니모양을 하고 있다. 특히 수컷의 더듬이는 길고 독특하게 생겼는데, 8개의 마디마다 잔가지가 길게 뻗어 왕빗살이란 이름을 얻었다.

성충은 늦은 봄에 출현하여 10월까지 활동하는데, 낮에는 나무줄기나 잎에서 먹이 활동을 하다, 밤에는 주유소나 가로등 같은 밝은 불빛에 유인되어 날아든다. 식성은 육식성으로 하늘소류나 좀벌레 등의 애벌레를 잡아먹고 산다. 땅속에서 종령 유충으로 월동하고 3~4월에 번데기 과정을 거쳐 5월에는 성충이 되어 땅에서 나온다.

---

* **출현시기** 5~10월
* **출현회수** 연 1회
* **사 는 곳** 산지, 숲
* **월   동** 애벌레
* **몸 길 이** 30~35mm 내외

왕빗살방아벌레 밤에는 불빛에 유인되어 멀리 난다. 특히 주유소에 많이 날아든다.

왕빗살방아벌레(암컷)
자연상태에서 왕빗살방아벌레 수컷은 좀처럼 볼 수 없고, 불빛에 날아 오는 것은 대부분 암컷들이다.

75. 무당벌레 *Harmonia axyridis*

딱정벌레목
무당벌레과

우리나라 전역에서 볼 수 있다. 국외로는 일본, 중국, 사할린, 시베리아에 분포한다. 모든 곤충 중에서 무당벌레처럼 형태적인 개체변이가 심한 것은 이 종 말고는 거의 없다. 이처럼 같은 종이면서도 외관상으로는 전혀 다른 무늬를 하기 때문에 여러 가지 옷을 갈아입는다 하여 '무당' 이란 이름이 붙었다 한다. 예전에는 됫박벌레, 바가지벌레 등으로도 불리었다.

몸은 반구형이고 등 딱지날개의 색은 노란 색부터 빨간색, 검은색 등 다양하다. 점박이 무늬도 점이 전혀 없는 것부터 1쌍, 2쌍 6쌍, 9쌍의 무늬가 있는 것들이 있다.

유충, 성충 모두 진딧물이나 깍지벌레 등을 먹는 포식성이다. 손으로 건들면 더듬이와 다리를 오므려 죽은척 하는 습성이 있으며, 항상 높은 쪽으로 올라가는 특성이 있다. 손으로 만지면 노란색의 액체를 품어낸다.

* **출현시기** 4~11월
* **출현회수** 연 2회
* **사 는 곳** 풀밭, 야산
* **월   동** 성충
* **몸 길 이** 3.0~4.6mm

무당벌레 겨울이 다가오면 무당벌레들은 양지바른 곳의 틈바구니를 찾아 무리지어 월동한다.

무당벌레 성충(붉은색형)

무당벌레 성충(검정색형)

무당벌레 유충 진딧물이나 깍지벌레 등을 잡아먹고 산다.

무궁화 잎 위에 튼 무당벌레의 번데기.

76. 칠성무당벌레 *Coccinella septempunctat*

딱정벌레목
무당벌레과

제주도를 비롯한 우리나라 전역에서 볼 수 있다. 국외로는 일본 등 유라시아 대륙의 전역과 아프리카 북부까지 널리 분포한다.

딱지날개에 7개의 검은 점무늬가 있어 칠성이란 이름이 붙었다. 몸은 반구형이며 배는 평편하다. 딱지날개의 바탕색은 붉은 계통과 갈색계통의 두 가지가 있다.

칠성무당벌레 성충은 하루에 약 200~300마리의 진딧물을 잡아먹기 때문에 최근에는 친환경 농업에 천적곤충으로 개발되어 유용하게 활용되고 있다. 알은 노란색이며 나뭇가지에 무더기로 산란한다. 유충의 생김새는 길쭉하고 거칠게 생겨 성충과 전혀 다른 모습을 하고 있다. 일반적으로 성충으로 월동하지만, 제주도나 남부 지방에서는 1월에도 성충과 유충을 동시에 볼 수 있다. 중부지방에서도 햇볕이 따뜻한 날에는 잠에서 깨어 활동하는 것을 볼 수 있다. 7~8월 한여름 동안에는 풀뿌리 밑에서 집단으로 여름잠을 잔다.

---

* **출현시기** 4~11월   * **출현회수** 연 2회   * **사 는 곳** 풀밭, 야산
* **월　　동** 성충   * **몸 길 이** 5~8mm

칠성무당벌레(갈색형) 진딧물을 잡아먹는 육식성이기 때문에 농업에서는 익충으로 분류된다.

칠성무당벌레(적색형) 칠성무당벌레가 이슬맺힌 풀잎에 매달려 있다.

77. 남생이무당벌레 *Aiolocaria hexaspilota*

딱정벌레목 무당벌레과

우리나라 전역에서 볼 수 있다. 국외로는 일본, 중국, 타이완, 시베리아, 네팔 등에 분포한다.

성충의 몸길이는 10mm 내외로서 한국산 무당벌레류 중에서 가장 큰 종이다. 생김새도 남생이같이 생겼지만 특히 딱지날개에 한자로 甲(남생이 갑)자 무늬가 있어 남생이무당벌레라 한다.

육식성으로 성충은 주로 잎벌레나 노린재 등의 알을 먹고 사는데, 암컷은 버드나무, 사시나무 등의 죽은 가지에 약 20여 개의 주홍색 알을 무더기로 낳는다. 알에서 부화한 유충 역시 성충과 마찬가지로 사시나무 잎벌레나 버들잎벌레 등의 유충을 잡아먹고 산다. 다 자란 유충은 나뭇잎 위에 번데기를 짓고 성충으로 우화하는데 갓 탈피한 성충의 색은 무늬가 없는 주황색을 띠다가 점점 검은 무늬가 돋아나기 시작하여 2~3시간 후에는 색이 정착된다. 제 2세대는 6~7월에 나타나서 늦가을에 날씨가 추워지기 시작하면 나무껍질 틈새나 나무 구멍 속에서 무리를 지어 성충으로 월동하고 이듬해 봄(4~5월)에 짝짓기를 한다.

---

* **출현시기** 4~11월 * **출현회수** 연 2회 * **사 는 곳** 풀밭, 야산
* **월   동** 성충 * **몸 길 이** 10mm 내외

남생이무당벌레 성충은 주로 버들잎벌레의 알이나 유충을 잡아먹고 산다.

번데기에서 갓 탈피한 남생이무당벌레는 무늬가 없는 주황색이다.

남생이무당벌레의 등판에 검은 무늬가 정착될 때까지는 약 2~3시간이 걸린다.

78. 산맴돌이거저리 *Plesiophthalmus davidis* 딱정벌레목 거저리과

우리나라 전역에서 볼 수 있다. 국외로는 일본, 중국 등에 분포한다. 개체수는 많은 편이다.

몸색은 광택이 전혀 없는 흑색이며, 딱지날개의 세로줄의 골이 깊지 않고, 더듬이와 다리는 상대적으로 길고 가는 편이다. 걸음이 빠른 편이지만 다른 거저리들과는 달리 나는 모습은 거의 목격되지 않고 있다.

유충은 썩은 나무를 파먹고 사는데, 3월 초순경에는 종령 유충이 되고 4월 하순경에는 썩은 나무속에서 번데기방을 만들고 번데기가 된다. 나무 속에서 우화한 성충은 5월 초순경에 나무를 뚫고 밖으로 나와 10월까지 활동한다.

산맴돌이거저리의 유충은 꽁지 끝이 여느 애벌레처럼 둥그스름하지 않고 오목하게 함몰되어 있는 것이 특징이다. 그런가하면 썩은 나무 속에서 굴을 파고 살면서 분비물과 나무찌꺼기로 입구를 틀어막는 독특한 습성이 있다.

* **출현시기** 5~10월
* **출현회수** 연 1회
* **사 는 곳** 구석진 곳, 돌 밑
* **월 동** 애벌레
* **몸 길 이** 15~18mm

산맴돌이거저리 주로 바위 틈 같이 어두운 구석에 산다.

산맴돌이거저리 거저리가 나무 위에 오르는 경우는 많지 않다.

79. 먹가뢰(콩가뢰) *Epicauta chinensis taishoensis*   딱정벌레목 가뢰과

우리나라 전역에 분포하지만 매우 한정된 곳에서만 서식한다. 국외로는 일본, 중국 북동부에 분포한다.

몸은 가늘고 긴 모양인데, 머리 뒤쪽만 적색이고 몸 전체가 흑색이다. 딱지날개는 몸의 2/3를 덮을 정도로 짧으며 날개 외각선을 따라 흰색이 발달하였다.

성충은 석회암지대의 야산이나 높은 산 초입의 초원지대에서 칡, 고삼 등의 콩과 식물을 먹는다. 특히 무덤가 주위에 많이 서식한다. 암컷은 흙 속에 1000여 개의 알을 낳는데, 부화한 유충은 메뚜기의 알에 기생한다. 유충기부터 몸에는 개미나 천적으로부터 보호하기 위해 칸타리딘(Cantharidin)이라는 독성을 띠게 되는데, 이로 인해 초지에서 풀을 뜯어 먹던 말들이 죽은 사례도 있다. 이 독은 사람에게도 치명적이지만 예전에 한방에서는 가뢰를 말려 가루로 만든 것을 '반묘'(斑猫)라 하여 말기암의 극약처방으로 쓰기도 했다. 그런가하면 홍날개(*Pseudopyrochroa rufula*)는 가뢰의 몸에서 분비되는 칸타리딘 성분을 먹기 위해 모여들기도 한다.

---

* **출현시기** 4~6월 * **출현회수** 연 1회 * **사 는 곳** 야산 잡목림, 무덤가
* **월　　동** 알 * **몸 길 이** 15~20mm

먹가뢰

고삼은 독성이 강한 식물이다.
가뢰류는 식물의 독성을 자기
몸에 축적하여 활용한다.

먹가뢰가 가장 좋아하는
고삼은 무덤가에
많이 핀다.

먹가뢰는 한 가지에
여러 마리가 붙어
먹이활동을 하고
짝짓기도 한다.

80. 비단벌레 *Chrysochroa fulgidissima*
(천연기념물 496호)

딱정벌레목
비단벌레과

우리나라 남부 및 도서지방의 극히 한정된 장소에 서식하는 희귀 곤충이다. 국외로는 일본과 중국 남부, 대만, 인도네시아 등 따뜻한 지역에 분포한다. 몸 전체가 초록의 금속성 광택이 나는 아름다운 곤충으로서 멸종위기 2급 곤충이었으나 최근 천연기념물(496호)로 지정되었다.

앞가슴 등판에는 굵은 줄무늬가 한 쌍 있으며 딱지날개에도 양 옆으로 약간 가는 붉은 줄이 길이방향으로 나 있다. 거의 모든 갑충의 속 날개는 딱지 날개 아래서 접혀져 있으나 비단벌레만은 접히지 않은 상태로 숨겨져 있는데, 이는 비단벌레의 몸길이가 충분히 길기 때문이다.

성충은 7월 초순경부터 출현하는데 연 1회 발생한다. 키가 큰 팽나무의 꼭대기를 주로 날기 때문에 쉽게 관찰하기 어렵다. 짝짓기를 마친 암컷은 주로 팽나무 고사목에 산란하는데, 유충의 생김새는 마치 독사모양으로 생겨 머리는 크고 몸통은 가늘고 길게 생겼다. 유충기는 2~3년이다.

---

* **출현시기** 7~8월　* **출현회수** 연 1회　* **사 는 곳** 팽나무 고사목
* **월　　동** 애벌레　* **몸 길 이** 35~40mm

비단벌레 몸 전체가 금속성 광택이 난다.

비단벌레 유충 머리가 크고 몸통은 길고 가늘어 뱀 모양을 한다.

팽나무 고목에서 갓 탈출한 비단벌레. 탈출공은 타원형이다.

81. 남색초원하늘소 *Agapanthia pilicornis*

딱정벌레목
하늘소과

제주도 및 부속 도서를 비롯한 우리나라 전역에서 볼 수 있으며 개체수가 많아 비교적 흔한 종이다. 국외로는 중국, 몽고, 시베리아 등지에 분포한다.

더듬이 제 3, 4마디에 달려 있는 흑색 털 뭉치가 마치 송낙수염 모양이라서 일명 〈송낙수염털보하늘소〉라고도 한다. 몸 빛깔은 짙은 청색 또는 남색이며 가늘고 길쭉한 원통형 모양을 하고 있다. 몸 전체가 잔털로 덮여 있으며, 앞가슴등판에도 짧은 흑색 털이 많다. 더듬이는 몸길이의 1.5배 정도 길며, 마디마다 검정색 띠가 발달하여 멀리서 보면 마치 파선처럼 보인다.

성충은 5~7월에 야산지의 초원에 많다. 개망초와 엉겅퀴 등 국화과 꽃에 모여 잎이나 줄기를 갉아먹는다. 애벌레로 월동한다.

---

* **출현시기** 5~7월
* **출현회수** 연 1회
* **사 는 곳** 초원
* **월　　동** 애벌레
* **몸 길 이** 11~17mm

남색초원하늘소
더듬이에 흑색 털뭉치가
있는 것이 특징이다.

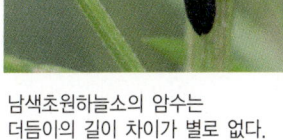

남색초원하늘소의 암수는
더듬이의 길이 차이가 별로 없다.

남색초원하늘소는
검은색이 발달한 개체도 있다.

82. 알락하늘소 *Anoplophora malasiaca*

딱정벌레목 하늘소과

우리나라 전역에서 볼 수 있는 흔한 종이다. 국외로는 일본, 중국, 타이완, 말레이시아 등에 널리 분포한다. 최근에는 북미지역으로 유입되어 삼림해충으로서 대대적인 방제의 대상이 되고 있다.

몸은 광택이 나는 흑색바탕에 굵고 하얀 점무늬가 산포되어 있으며, 더듬이에도 마디마다 흰색 무늬가 발달하여 있다. 앞가슴등판 양 옆에는 가시돌기가 있고, 더듬이는 매우 긴 편인데, 수컷의 경우 몸길이의 두 배가량 된다. 다리마디는 다른 하늘소에 비하여 두툼한 편이며 약간 푸른빛이 돈다.

성충은 6~8월에 출현하여 찔레나 넝쿨장미의 줄기껍질을 갉아먹는다. 교미를 마친 암컷은 살아있는 사과나무, 복숭아나무, 무화과나무, 뽕나무, 버드나무 등의 줄기를 물어뜯고 상처를 낸 다음 산란한다. 유충은 목질부에 터널을 만들어 가며 파먹고 이듬해 번데기가 되어 우화한다. 손으로 잡으면 목덜미를 움직여 찍-찍 소리를 낸다.

---

* **출현시기** 6~8월 * **출현회수** 연 1회 * **사 는 곳** 숲, 야산
* **월 동** 애벌레 * **몸 길 이** 25~35mm

알락하늘소
딱지날개와 더듬이의 흰 무늬가
알록달록 하여 알락하늘소라 한다.

알락하늘소(암컷)는
살아있는 나무의 목질부를
물어 뜯고 그 곳에 산란한다.

83. 먹주홍하늘소 (붉은테검정하늘소) *Asias halodendri*

딱정벌레목 하늘소과

우리나라 중부 이북 지방에서 볼 수 있으며 국외로는 중국 동북부, 시베리아 동부에 분포한다. 모자주홍하늘소에 비하면 개체수가 제법 많은 편에 속한다.

몸 빛깔은 전체가 흑색인데, 딱지날개의 어깨부근에 한 쌍의 붉은 반점이 있으며 바깥 가장자리를 따라 붉은 테두리 무늬가 있다. 몸은 원통형으로 비교적 가는 편이다.

성충은 4월말~5월초에 출현하여 일조권이 좋은 야산의 키 작은 떡갈나무 잎을 먹으며 그 위에서 짝짓기를 한다. 짝짓기를 마친 암컷은 대추나무나 사과나무에 산란하기 때문에 먹주홍하늘소는 과수원의 삼림해충으로 분류된다. 애벌레로 월동한다.

---

* **출현시기** 4~6월
* **출현회수** 연 1회
* **사 는 곳** 초원, 야산
* **월   동** 애벌레
* **몸 길 이** 14~18mm

먹주홍하늘소 검은색 바탕에 붉은 테무늬가 있어서 "붉은테무늬검정하늘소"라고도 한다.

짝짓기 하는 먹주홍하늘소. 성충은 어린 떡갈나무 잎을 갉아 먹는다.

84. 모자주홍하늘소 *Purpuricenus lituratus*

딱정벌레목 하늘소과

우리나라 전역에 분포하지만 극히 제한된 지역에서만 볼 수 있다. 국외에는 일본, 중국, 시베리아 동남부에 분포한다. 주홍색 바탕의 딱지날개에 영국신사모자 모양의 독특한 흑색무늬가 있어 모자주홍이라 이름 지어 졌다.

몸통은 다른 하늘소들 보다는 비교적 둥글넓적한 편이다. 더듬이와 머리, 다리는 흑색이고, 앞가슴등판과 딱지날개는 주홍색이며, 앞가슴등판에는 5개의 흑색 점무늬가 있다. 딱지날개에는 모자무늬 말고도 1쌍의 검은 색 점무늬가 가슴 쪽으로 있으나 개체변이가 심한 편이어서 어느 것은 이 점이 매우 크게 발달 한 것이 있는가 하면 어느 것은 아예 없는 것도 있다.

성충은 4월 하순경에 출현하여 6월경 까지 일조권이 좋은 야산에서 발견되는데, 주로 5월에 많이 볼 수 있다. 성충은 키 작은 떡갈나무 새순을 즐겨먹는다. 유충은 배나무에 기생하는 것으로 아려져 있다. 애벌레로 월동한다.

---

* **출현시기** 4~6월   * **출현회수** 연 1회   * **사 는 곳** 야산
* **월　　동** 애벌레   * **몸 길 이** 16~23mm

모자주홍하늘소 딱지날개에는 영국 신사모자가 그려져 있다. 딱지날개의 검은색 무늬는 변이가 많다.

먹주홍하늘소와 모자주홍하늘소는 거의 같아 보이는 경우가 많다.

모자주홍하늘소는 키 작은 떡갈나무에 날아온다.

85. 홍가슴풀색하늘소 *Chloridolum sieversi*

딱정벌레목 하늘소과

도서와 해안을 제외한 우리나라 내륙지방에서 볼 수 있다. 국외로는 중국, 시베리아 동남부에 분포한다.

머리와 딱지날개는 초록색이며 중앙의 가슴부분만 홍적색이다. 홍적색의 가슴은 위에서 보면 주판알처럼 생겼는데 중앙 부분에 뾰족한 돌기가 둘러져 있다. 몸통은 가슴 쪽이 넓고 배 끝 부분이 뾰족한 쐐기형이다. 수컷은 더듬이가 몸길이의 두 배 이상 되며, 다리의 허벅마디도 매우 길고 매끈하다. 몸에서는 강한 향을 발산하는데, 사향하늘소가 아니면서도 벚나무사향하늘소(*Aromia bungii*)의 향보다도 더 강하고 향긋하다.

성충은 6월부터 출현하기 시작하여 8월까지 활동하는데, 교미를 끝낸 암컷은 살아 있는 호두나무나 굴피나무의 갈라진 틈에 산란한다. 유충기는 1년으로 추정되며 종령 유충은 이듬해 수피에 구멍을 뚫고 나온다.

---

* **출현시기** 6~8월
* **출현회수** 연 1회
* **사 는 곳** 숲, 과수원
* **월　　동** 애벌레
* **몸 길 이** 24~32mm

홍가슴풀색하늘소
아름다운 초록색 날개와
주황색 가슴이 대조를 이룬다.

홍가슴풀색하늘소 암컷은
살아 있는 호두나무에
산란한다.

86. 벚나무사향하늘소 *Aromia bungii*

딱정벌레목
하늘소과

우리나라 어디서나 볼 수 있다. 국외로는 중국, 몽골 등에 분포한다.

중형 하늘소로서 몸 색깔은 광택이 나는 짙은 검정색이며, 주판알 같이 생긴 가슴 부분만 심홍색이어서 금방 눈에 띈다. 더듬이와 다리 역시 모두 검은 색이며 더듬이 끝은 뾰족한 편이다. 이 종은 딱지날개뿐 아니라 속날개도 역시 검정색이다.

기주식물은 오래 된 벚나무와 살구나무, 자두나무, 매실나무, 복숭아나무 등이다. 한 나무에 유충이 수십 마리씩 기주하기 때문에 과수원에서는 심각한 해충으로 여겨진다.

손으로 잡으면 향긋한 사향냄새를 풍긴다. 낮에도 활발히 활동하며 먹이활동이나 짝짓기도 낮에 이루어진다. 교목의 수액에 모인다. 애벌레로 월동한다.

---

* **출현시기** 7~8월
* **출현회수** 연 1회
* **사 는 곳** 가로수, 정원, 야산
* **월 동** 애벌레
* **몸 길 이** 25~35mm

벚나무사향하늘소 오래 된 벚나무와 살구나무, 자두나무 등에서 볼 수 있다.

벚나무사향하늘소 사향하늘소들은 몸에서 향긋한 냄새를 풍긴다.

87. 뽕나무하늘소 *Apriona germari* 딱정벌레목 하늘소과

우리나라 전역에서 볼 수 있다. 국외로는 중국 등에 분포한다. 누에를 많이 치던 시절에는 흔한 종이였으나 뽕밭이 없어지면서 상대적으로 개체수가 많이 줄어들었다. 중대형 하늘소이다.

몸은 황갈색며 앞가슴등판과 딱지날개 앞쪽에 작은 흑색 점무늬가 밀포되어있다. 몸통은 둥그런 원통형에 가깝고 앞가슴 양쪽에는 가시같은 돌기가 나 있다. 배 아랫부분은 우단 같은 노란 털이 부드럽게 덮여 있다.

성충은 6~7월에 출현하여 뽕나무, 산뽕나무, 무화과나무, 닥나무 등의 잔가지 껍질을 갉아먹고 밤에는 불빛에도 잘 날아든다. 암컷은 기주식물의 가지를 물어뜯어 상처를 낸 다음 산란하는데 알에서 깨어난 유충은 가지 내부에서 1년 이상 섭식활동을 하다 가을에 노숙 유충으로 월동한다. 노숙유충은 안에서 밖으로 톱밥을 토해내며 이듬해 봄에 터널 속에서 번데기로 변해 7월에 성충이 된다. 자연상태에서의 유충기는 2년이며 성충의 수명은 30~40일 정도이다.

* **출현시기** 6~7월　* **출현회수** 연 1회　* **사 는 곳** 숲, 뽕나무밭
* **월　　동** 애벌레　* **몸 길 이** 36~45mm

뽕나무하늘소

뽕나무, 산뽕나무, 무화과나무 등의 껍질을 까먹고 산다.

뽕나무하늘소의 딱지날개 앞쪽에는 작은 흑색 점무늬가 돌기처럼 나있다.

가을이 되자 뽕나무하늘소 한 마리가 나뭇가지를 꼭 껴안고 죽었다.
죽은 사체는 백강균에 의해 감염되었다.

88. (졸)참나무하늘소 *Batocera lineolata*

딱정벌레목 하늘소과

 전형적인 남방계 종으로서 우리나라에서는 장수하늘소 다음으로 큰 대형 종이다. 예전 이름은 〈졸참나무하늘소〉라 하였으나 최근 〈참나무하늘소〉로 이름이 바뀌었다. 남부 도서 지방 및 해안 지방에 주로 살며, 제주도에서의 서식 가능성도 충분히 있지만 아직 발견 정보는 없다. 국외로는 일본, 타이완 등에 분포한다.

 몸 빛깔은 전반적으로 회갈색이며 몸통은 굵고 역삼각형 모양이다. 앞가슴등판 가운데에 2개의 흰색 도는 황색 점무늬가 있고 딱지날개 앞쪽에도 흰색 또는 황색의 반점이 산포되어 있다. 딱지날개 상단부에는 깨알 같은 검은 점이 산포한다.

 성충은 6~8월에 온·난대 수림대에 나타나서 졸참나무 가지의 외피를 갉아 먹고 산다. 교미를 마친 암컷은 참나무류, 밤나무, 무화과나무 등의 껍질을 물어뜯어 산란하며 유충기는 약 2~3년 정도이다. 가로수로 심어진 구실잣밤나무에 기생하기 때문에 해충으로 간주되어 방제의 대상이 되고 있다. 일본에서는 밤나무의 해충으로 알려져 있다.

---

* **출현시기** 6~8월　* **출현회수** 연 1회　* **사는곳** 난대 수림대, 참나무 숲
* **월　동** 유충 또는 성충　* **몸 길 이** 50~70mm

참나무하늘소 성충은 날카로운 입으로 약 2cm 정도의 탈출공을 동그랗게 뚫고 나온다.

참나무하늘소 성충이 6월 중순경 구실잣밤나무 외피를 뚫고 나오고 있다.

참나무하늘소의 얼굴은 소의 얼굴과 많이 닮았다.

유충이 갉아 먹어 벌집처럼 되어버린 기주식물 (늦게 우화된 성충은 기주식물 속에서 그대로 월동하고 우화된 이듬해에 나온다).

89. 장수하늘소 *Callipogon relictus*

(천연기념물 218호, 멸종위기종 1급)

딱정벌레목 하늘소과

우리나라 하늘소 중에서는 10cm를 육박하는 가장 큰 대형 하늘소로서 국내에서는 그동안 유일하게 경기도 광릉 숲에서만 서식이 확인되었으나 그 개체 수가 극히 적어 거의 절멸상태에 있는 종이다. 이 종은 원래 북한지역이 주 원산지로서 남으로는 북위 37도선이 남방한계선이고, 북으로는 러시아 우수리스크지역과 중국북동부 일부 지역에만 서식하는 전형적인 북방계 하늘소이다.

몸은 적갈색 또는 흑갈색이며, 등딱지에는 줄무늬가 약하게 있고 황색 잔털이 나 있다. 수컷의 턱은 크고 튼튼하게 생겼으나 개체변이가 심하여 턱이 제대로 발달되지 않은 것도 많다. 암컷의 앞가슴등판은 둥글고 매끄럽게 생겼는데 옆 가장자리에는 톱니 모양의 돌기가 나 있다. 수컷의 등판은 약간 평편한 사다리꼴 모양으로 생겼으며 황색의 털 뭉치가 1쌍 있다.

장수하늘소의 유충기는 4~5년으로 추정되며 성충은 7~8월에 서어나무나 신갈나무 고목을 뚫고 나온다. 그러나 성충으로서의 수명은 2~3주 정도에 불과하다.

---

* **출현시기** 7월 중순~9월 초
* **사 는 곳** 서어나무 또는 신갈나무 숲
* **몸 길 이** 수컷 : 75~108mm, 암컷 : 65~90mm
* **출현회수** 연 1회
* **월 동** 애벌레

장수하늘소(수컷)
수컷은 앞가슴등판이 평편한 사다리꼴이다. 흰색 털 뭉치가 뚜렷하다.

장수하늘소(암컷)
암컷은 앞가슴등판 가장자리에 가시돌기가 많으며 둥그런 모습이다.

장수하늘소의 교미
교미를 마친 암컷은 나무 외피 틈에 산란한다.

90. 배자바구미 *Mesalcidodes trifidus*

딱정벌레목 바구미과

우리나라 전역에서 볼 수 있다. 국외로는 일본, 중국, 타이완 등지에 분포한다. '배자' 란 저고리 위에 덧입는 조끼 모양의 한복 겉옷을 말하는데, 몸에 덧붙은 하얀 돌기가 마치 배자를 입은 것 같다 하여 이 이름이 붙었다. 전체적으로 생긴 모습은 꼭 새똥 같아서 자세히 들여다보지 않으면 모르고 지나치기 쉽다.

몸 전체가 울퉁불퉁하게 생긴데다 딱지날개의 중간 부분은 곰보처럼 파여 있어 별로 호감이 가지 않는 외형을 하고 있다. 몸 색깔은 검은 바탕에 가슴 양쪽 가장자리와 배 윗부분의 절반 아래, 그리고 가슴 아랫부분이 약간 융기되어 흰색 털로 뒤덮여 있다. 다리는 검은색 바탕에 흰색 점무늬가 군데군데 돋아 있는데 허벅마디는 알통지어 있다.

월동한 성충은 5월경 출현하여 8~9월까지 활동한다. 야산의 그늘 진 숲 속에 살며 특히 칡덩굴이 있는 곳에 모인다. 암컷은 칡줄기를 주둥이로 물어뜯어 산란하며 그 속에서 자란 애벌레는 9월에 우화한다. 가을에 나온 성충은 그대로 월동한다. 유사종으로는 극동버들바구미(*Eucryptorrhynchus brandti*)가 있다.

---

* **출현시기** 5~10월　* **출현회수** 연 2회　* **사 는 곳** 숲
* **월　　동** 성충　* **몸 길 이** 8~10mm

배자바구미 풀잎을 꼭 붙든 채 잠이 들어버렸다.

마치 나무 위에 떨어진 새똥같이 생겼다.

짝짓기를 하고 있는 극동버들바구미
얼굴은 꼭 새같이 생겼다. 배자바구미와 거의
흡사하지만 몸에 황갈색무늬가 섞여 있다.

91. 황초록바구미 *Chlorophanus grandis*

딱정벌레목
바구미과

우리나라 전역에서 볼 수 있으며, 국외로는 일본, 러시아(사할린) 등지에 분포한다.

몸 전체가 금록색, 또는 청록색의 작은 비늘 조각으로 덮여 있어 보석같이 아름다운 곤충이다. 특히 다리마디의 가운데 부분부터 발끝까지는 분홍색이어서 몸 색깔과 한층 조화를 이룬다. 주둥이는 바구미 특유의 모습처럼 길고 굵으며, 딱지날개는 길이방향으로 골이 파여 있는데 마치 바느질 자국 같은 천공으로 이루어져 있다. 딱지날개의 측면 제8번째 간실은 흰색 또는 황색이 발달하여 줄이 쳐 있다. 딱지날개의 끝은 뾰족하고 날카롭다.

성충은 6~9월에 출현하여 버드나무류의 잎을 갉아 먹는다. 특히 강가의 키 작은 버드나무에 많이 모인다. 성충은 장미, 싸리, 사과나무 등도 먹으며, 건드리면 땅으로 뚝 떨어지는 방법으로 위기를 넘긴다. 유충은 땅 속에 살면서 식물의 뿌리를 갉아먹는데, 특히 감자 등 농작물에 해를 끼친다.

---

* **출현시기** 6~9월　　* **출현회수** 연 1회　　* **사 는 곳** 강변, 과수원
* **월　　동** 애벌레　　* **몸 길 이** 8~10mm

황초록바구미
몸통은 금초록색이며
다리는 분홍색이어서 매우 아름답다.
성충은 강변의 키 작은 버드나무 숲에 주로 산다.

황초록바구미는
야간에도 활동한다.

92. 혹바구미 *Episomus turritus*

딱정벌레목
바구미과

제주도를 비롯한 우리나라 전역에서 볼 수 있다. 국외로는 일본, 중국 등에 분포한다.

등에는 낙타혹 같은 돌기가 튀어 나와 있는데, 암컷의 혹은 비교적 완만하지만 수컷의 혹은 아랫면이 거의 직각에 가까울 정도이다. 딱지날개 끝 부분에는 한 쌍의 뾰족한 돌기가 나와 있다. 몸 색깔은 옅은 회갈색 바탕에 짙은 갈색무늬가 등 쪽으로 나 있다. 주둥이 끝은 삼각형으로 갈라져 있는데 양쪽으로 큰 턱이 있다.

성충은 싸리, 등나무, 아카시아, 칡 등, 주로 콩과식물의 잎을 먹으며 생활한다. 7~8월에 교미를 마친 암컷은 잎을 잘라 봉투처럼 만들고 그 속에 10개 정도의 알을 낳는다. 알에서 부화한 유충은 곧 땅으로 떨어져 식물의 뿌리를 먹으며 자란다. 다 자란 유충은 땅 속에서 번데기가 되어 우화하고 우화된 성충은 땅을 뚫고 밖으로 나온다. 잎에 붙어 있는 성충은 건드리면 땅으로 뚝 떨어져 위기를 넘기는 습성이 있으며 건드리면 죽은 척 하는 의사 행동을 보인다.

---

* **출현시기** 5월 * **출현회수** 연 1회 * **사 는 곳** 숲
* **월　　동** 애벌레 * **몸 길 이** 13~16mm

혹바구미 등에 커다란
혹이 난 것처럼 생겼다.

혹바구미 수컷은
등딱지 날개의 입면 선이
직각에 가깝다.

딱지날개 끝부분에는
뾰족한 돌기가 돋아있다.

93. 점박이길쭉바구미 *Lixus maculatus*

딱정벌레목 바구미과

우리나라 중부 이북지방에서 볼 수 있다. 국외로는 일본, 중국 등지에 분포한다.

몸의 형태는 전체적으로 매우 가늘고 긴 타원형을 하고 있다. 색깔은 흑색 바탕에 황토색 가루가 덮여 있는데, 낡은 개체에서는 이 가루가 다 떨어져 나가 검은색이 되어 다른 종처럼 보이기도 한다. 이 가루는 고르게 덮여 있지 않아서 알록달록한 점박이 무늬처럼 보이기도 한다. 주둥이와 다리에는 황토색 가루가 덮여 있지 않으며, 더듬이는 주둥이 끝 부분에 나 있는데 더듬이 중간 부분에서 120도 정도 꺾어져 있다. 수컷은 암컷보다 몸통이 더 작고 가늘게 생겼다.

성충은 4월 말경 출현하는데 주로 5~7월에 많이 볼 수 있다. 즐겨 찾는 먹이는 여뀌류이지만 그 외에도 1년생 초본류들도 가리지 않고 먹는다. 애벌레로 월동한다.

---

* **출현시기** 4~10월
* **출현회수** 연 1회
* **사 는 곳** 초원지대
* **월   동** 애벌레
* **몸 길 이** 6~12.5mm

점박이길쭉바구미
몸은 가늘고 길쭉하며
황토색의 가루로 덮여 있다.

짝짓기 하는 점박이길쭉바구미.
수컷이 더 작고 가늘다.

94. 중국청람색잎벌레 *Chrysochus chinensis* 딱정벌레목 잎벌레과

우리나라 전역에서 볼 수 있다. 국외로는 일본, 중국 및 시베리아 동부에 분포한다.

몸은 길쭉한 반구형으로 뚱뚱하게 생겼으며 딱지날개는 완만하지 않고 등짝의 1/3 지점에서 한번 굴곡이 있다. 색깔은 광택이 강한 청람색이어서 햇빛을 받으면 매우 아름다운 빛을 발한다.

성충은 5월경이면 출현하지만 6~7월경에 가장 활발히 활동한다. 먹이식물로는 주로 박주가리를 비롯하여, 감자, 고구마, 쑥 등 잎이 넓은 식물을 가해한다. 특히 덩굴성 식물의 잎을 좋아한다.

짝짓기를 마친 암컷은 박주가리(*Metaplexis japonica*)의 줄기 속에 알을 낳는데, 알에서 깬 유충은 박주가리의 독성을 몸에 축적시켜 천적이 자신을 먹지 못하게 한다. 애벌레는 땅속에서 생활하며 유충으로 월동한다.

---

* **출현시기** 5~9월
* **출현회수** 연 1회
* **사 는 곳** 냇가 주변 풀밭, 야산
* **월   동** 애벌레
* **몸 길 이** 10~13mm

중국청람색잎벌레 더듬이와 발의 모양이 독특하다.

중국청람색잎벌레는 딱지날개 등판이 굴곡되어 있다.

95. 열점박이별잎벌레 *Oides decemp-unctatus*

딱정벌레목
잎벌레과

우리나라 전역에서 볼 수 있다. 국외로는 중국, 대만, 동남아 열대우림 지역에 넓게 분포한다. 우리나라 잎벌레 중에서는 대형에 속한다.

생김새는 전체적으로 조금 긴 타원형이지만 등이 볼록하여 무당벌레처럼 반구형에 가깝다. 여기에 점박이 무늬까지 있기 때문에 무당벌레로 오인하기가 쉽다. 몸에는 전체적으로 투명한 황갈색 딱지날개에 10개의 둥근 검은색 무늬가 있다. 더듬이 역시 황갈색이며 끝부분만 약한 흑갈색이다.

성충은 봄부터 가을까지 볼 수 있지만 8~9월에 가장 많이 발생한다. 주로 머루와 포도나무 등 포도나무과 식물의 잎을 갉아 먹지만 담쟁이덩굴이나 그 밖의 여러 가지 초본류도 가리지 않고 먹는다. 위협을 느끼면 땅으로 떨어지는 습성이 있으며 손으로 만지면 노란색의 액체를 품어낸다. 또한 이 종은 한 나무에 여러 마리가 모여 사는 군서생활을 한다.

---

* **출현시기** 6~10월 * **출현회수** 3~4회 * **사 는 곳** 풀숲, 포도나무 밭
* **월   동** 성충 * **몸 길 이** 10~14mm

열점박이별잎벌레 별 모양의 나팔꽃 속에 들어간 열점박이별잎벌레.

열점박이별잎벌레의 먹이는 주로 포도나무과 식물을 좋아하지만 아무거나 가리지 않는 편이다.

96. 버들잎벌레 *Chrysomela vigintipunctata*

딱정벌레목
잎벌레과

우리나라 전역에서 볼 수 있다. 국외로는 일본, 중국, 타이완, 시베리아, 중앙아시아, 유럽 등에 널리 분포한다.

몸 색깔은 적황색 또는 황백색 딱지날개에 9-10쌍 정도의 검은 점무늬가 있는데 이 점 부분은 약간씩 돌출되어 있다. 가슴 등판은 검정색이 반 이상 차지하며 날개가 만나는 봉합선을 따라서 굵은 검정색 줄이 지어져 있다.

유충, 성충 모두 군집생활을 하며 버드나무류의 잎을 갉아 먹고 산다. 성충으로 월동하다 이듬해 4월초에 출현하여 짝짓기를 하는데, 5월 중순~6월경에는 제 2세대의 성충이 나타난다. 알에서 성충이 되기까지는 약 30일 정도 걸린다. 알은 쌀알같이 길쭉하게 생겼으며 30~40개를 버들잎 윗면에 불규칙하게 무더기로 낳는다. 종령 유충은 무리를 지어 잎 뒤에 거꾸로 매달려 번데기가 된다. 유충은 건드리면 반점샘으로부터 흰색의 액체를 분비한다.

---

* **출현시기** 4~8월
* **출현회수** 연 2~3회
* **사 는 곳** 버드나무 숲
* **월　　동** 성충
* **몸 길 이** 7mm 내외

버들잎벌레

성충은 주로 버드나무
잎을 갉아 먹는다.

버들잎벌레는
한 가지에 수십 마리가
모여산다.

버들잎벌레

우화 초기에는 몸 빛깔이
회갈색이지만 시간이 지나면서
점점 적황색으로 변한다.
검은 반점이 생기는 데는
1~2시간 정도 더 걸린다.

97. 사시나무잎벌레 *Chrysomela populi* 딱정벌레목 잎벌레과
(황철나무잎벌레)

우리나라 전역에서 볼 수 있다. 국외로는 일본, 중국, 시베리아, 중앙아시아, 유럽, 북아프리카 등지에 널리 분포한다.

머리와 가슴은 흑청색이고, 딱지날개는 아름다운 심홍색, 또는 적갈색의 두 종류가 보인다. 딱지날개에는 일체 반점이 없다.

성충으로 월동한 개체가 4월 하순경부터 나타나 짝짓기를 하는데, 6월 초순경에 산란한다. 알은 등황색으로, 포플러, 황철나무, 사시나무 등 먹이식물의 새 잎이 돋아날 근처 가는 가지에 약 30~40개씩 무더기로 낳는데, 천적인 남생이무당벌레에 의해 먹히기도 한다. 난 기간은 5~6일이며, 알에서 깨어난 유충은 잎을 갉아 먹으며 7월경이면 다 자란다. 다 자란 유충은 잎 뒤에 매달려 여러 마리가 일렬로 번데기를 짓는다. 번데기는 건드리면 몸 옆면에서 우유 빛깔의 액체 방어 물질을 분비한다. 10월경에는 제 3세대 성충이 출현하게 되는데, 이들이 바로 월동체가 된다.

---

* **출현시기** 4~10월
* **출현회수** 연 3회
* **사 는 곳** 숲, 강변
* **월   동** 성충
* **몸 길 이** 10~12mm

사시나무잎벌레(붉은색 계통)
성충은 붉은색 계통과 갈색 계통의 두 가지로 나타난다.

사시나무잎벌레의 등딱지날개에는 아무 무늬가 없다.

짝짓기 하는 사시나무잎벌레.

98. 왕거위벌레 *Paracycnotrachelus longiceps*

딱정벌레목
거위벌레과

우리나라 전역에서 볼 수 있다. 국외로는 일본, 중국, 러시아 등지에 분포한다.

머리의 길이가 거의 몸의 길이와 맞먹을 정 도로 긴 것이 특징이다. 머리 길이는 수컷이 암컷보다 길다. 몸 색깔은 전반적으로 어두운 적갈색이며 딱지날개를 제외한 대부분은 흑색에 가깝다. 배 옆면에는 특유의 황색 반점이 세 개 있는데, 그 중 하나는 크고, 나머지 둘은 작다.

성충은 6월경부터 출현하여 10월까지 활동한다. 활엽수림이나 야산에 주로 살면서 상수리나무, 신갈나무, 떡갈나무 등 주로 참나무류의 나뭇잎을 먹고 사는데, 암컷은 잎을 둘둘 말아 접은 뒤 그 속에 알을 낳는다. 잎을 건드리면 땅으로 떨어져 피하는 습성이 있고 몸을 만지면 죽은척하는 의사행동도 보인다. 애벌레로 월동한다.

---

* **출현시기** 6~10월
* **출현회수** 연 1회
* **사 는 곳** 활엽수림, 들판
* **월   동** 애벌레
* **몸 길 이** 8~12mm

왕거위벌레 마치 망을 보듯 긴 목을 쳐들어 주위를 살핀다.

왕거위벌레는 햇볕이 뜨거우면 나뭇잎 뒷면에서 거꾸로 매달려 쉬기도 한다.

왕거위벌레는 배의 옆구리에 황색 반점이 있는 것이 특징이다.

99. 홍단딱정벌레 *Carabus smaragdinus*

딱정벌레목
딱정벌레과

 우리나라 전역에서 볼 수 있다. 국외로는 중국, 극동 러시아, 몽고 등에 분포한다.

 몸 길이는 35~45mm로서 우리나라 딱정벌레류 중 대형에 속한다. 몸의 색깔은 적동색이며 약한 광택을 띤다. 몸 색은 지역(위도)에 따라 또는 고도에 따라 약간씩 변이를 보이는데, 이는 딱정벌레류들의 공통된 특징이기도 하다. 딱지날개는 길고 끝이 뾰쪽하게 생겼으며, 표면에는 혹처럼 도드라진 점들이 만드는 7개의 혹줄이 있다. 날개는 퇴화되어 날지 못한다.

 성충은 7월부터 출현하여 추워질 때까지 활동하다 성충으로 돌틈이나 흙에 굴을 파서 월동한다. 야행성으로 낮동안에는 돌이나 낙엽 밑에 숨어 있다가 주로 밤에 먹이활동을 한다. 식성은 육식성으로 지렁이나 민달팽이 등 연체동물이나 작은 곤충들을 잡아먹고 산다. 손으로 만지면 썩은 냄새를 풍긴다. 애벌레는 1년 동안 땅속에서 절지동물을 잡아먹으며 살다가 이듬해 여름에 번데기가 되어 성충이 된다.

---

* **출현시기** 7~8월   * **출현회수** 연 1회   * **사 는 곳** 산지
* **월   동** 성충   * **몸 길 이** 35~45mm

홍단딱정벌레
표면에는 혹처럼
도드라진 점들로
이뤄진 7개의
혹줄이 있다.

홍단딱정벌레는
낮에는 주로 어두운 곳에서
숨어 있다 밤에 활동한다.

위도가 높은 북쪽지방에서는
초록색이 발달한 것도 있다.

100. 멋쟁이딱정벌레 *Damaster jankowskii*

딱정벌레목
딱정벌레과

우리나라 전역에서 볼 수 있다. 국외로는 중국 북동부와 시베리아동부에 분포한다. 러시아의 곤충학자 양코브스키(Jankowskii)에 의해 알려진 종이어서 예전엔 〈양코브스키딱정벌레〉라고 불리기도 하였다.

홍단딱정벌레와 함께 우리나라에서 서식하는 가장 큰 딱정벌레 중 하나이다. 몸의 형태는 둥글납작한 편이고 배의 형태는 마치 아몬드처럼 생겼다. 머리와 가슴, 배의 구분이 확실하며 특히 목부분이 일자 형태로 길게 뻗어 나와 가슴보다도 길이가 길다. 앞가슴등판은 항아리 모양으로 생겼다. 몸색은 앞머리 부분은 검은색이며 앞가슴등판은 금속성 광택이 나는 구릿빛이고, 딱지날개는 약간 초록 기운이 도는 검정색이다. 이 종은 지역에 따라 녹색형이나 보라색형등 개체변이가 심하게 나타난다.

성충은 늦은 봄부터 출현하여 가을까지 볼 수 있지만 7~8월의 한여름에 많이 활동한다. 주로 산의 숲속에서 낮에는 돌 밑이나 어두운 곳에 숨어 있다가 밤에 나와서 연체동물이나 절지동물들을 잡아 먹는다. 특히 지렁이와 달팽이를 좋아한다. 성충으로 월동한다.

---

* **출현시기** 7~8월   * **출현회수** 연 1회   * **사 는 곳** 산지
* **월   동** 성충   * **몸 길 이** 35~46mm

멋쟁이딱정벌레 (적색형)

우리나라에서 서식하는 딱정벌레 중에서 가장 큰 종이다.

멋쟁이딱정벌레(녹색형)

낮에는 잘 돌아다니지 않으나, 일단 발각되면 빠른 속도로 달아나거나 돌틈으로 숨는다. 위도나 고도에 따라 색변이가 심하다.

멋쟁이딱정벌레(보라색형)

성충은 야행성으로서 달팽이류를 사냥하기 위해 밤에 나무에 오른다.

101. 아시아실잠자리 *Ischnura asiatica*

잠자리목 실잠자리과

우리나라 전역에서 볼 수 있는 흔한 종이다. 국외로는 일본을 비롯하여 타이완, 중국 등에 분포한다.

실잠자리류 중에서도 몸 색깔의 변화가 아주 심한 종이다. 특히 암컷은 미성숙일 때는 주황색을 띠다가 성숙하면 녹색계통으로 바뀌기 때문에 전혀 다른 종으로 오인하기 쉽다. 수컷은 앞가슴이 연한 녹색을 띠지만, 배 끝 제 9마디가 뚜렷한 청색이어서 쉽게 구분된다. 수컷의 앞가슴 등 쪽으로는 두 줄의 연두색 줄무늬가 가늘게 있는 반면, 미성숙 암컷은 주황색 바탕의 가슴 등판에 검정색 줄이 굵게 나있다. 암수 모두 이마에도 굵고 검은 가로무늬가 있어 T자 무늬가 형성된다.

성충은 4월 중순경부터 출현하여 11월까지 활동하는데 연 2회 정도 발생한다. 주로 연못이나 작은 웅덩이, 농수로 근처에서 서식하며, 행동반경은 그리 넓지 않기 때문에 한곳에서 이동하지 않고 죽을 때까지 머무른다. 암컷 혼자 알을 낳는다.

---

* **출현시기** 4~11월 * **출현회수** 연 2회 * **사 는 곳** 연못, 농수로
* **월   동** 유충 * **몸 길 이** 24~30mm

아시아실잠자리(암컷)
미성숙 암컷이 먹이를
잡아먹고 있다.

아시아실잠자리(암컷 미성숙)
암컷은 미성숙일 때는
주황색을 띠지만 성숙되면
몸이 녹색으로 바뀐다.

아시아실잠자리(수컷)
수컷의 가슴은 연한 녹색이고
배 끝 부분에 청색 띠가
한 마디 있다.

102. 등검은실잠자리 *Cercion calamorum*

잠자리목
실잠자리과

우리나라 전역에서 볼 수 있다. 국외로는 중국 중북부와 일본 등에 분포한다.

암수 모두 배 윗부분의 색이 검정색을 띠며 가슴 등판에도 줄무늬가 없이 검은 색이다. 우화 초기에는 별다른 특징 없이 어두운 색을 띠다가, 성숙하면서 몸에 회색 가루분이 발달하고 색상이 뚜렷해진다. 성숙한 수컷은 배 끝 제 8, 9마디가 밝은 청색을 띠는데, 제 8째마디의 무늬에는 V자 홈이 파여 있는 것이 특징이다. 검은색의 배에는 마디마다 약한 흰색의 마디무늬가 있다.

성충은 4월 하순부터 출현하는데, 크고 작은 저수지나 연못, 농수로 등 다양한 곳에서 만나볼 수 있다. 연 2회 정도 발생하며, 제 2화는 8월경에 우화하여 10월까지 활동한다. 교미한 암컷은 수컷과 연결된 상태로 배를 물속에 넣고 연꽃이나 마름 등, 부엽식물의 잎이나 줄기에 산란한다.

---

* **출현시기** 4~10월
* **출현회수** 연 2회
* **사 는 곳** 연못, 저수지 주변, 농수로
* **월 동** 유충
* **몸 길 이** 28~32mm

등검은실잠자리(수컷) 휴식을 취하고 있다.

등검은실잠자리 실잠자리는 작은 초파리나 멸구 등을 잡아먹는다.

등검은실잠자리(암컷) 물 속에 배를 집어넣고 마름(*Trapa japonica*) 잎에 산란하고 있다.

103. 노란실잠자리 *Ceriagrion melanurum*

잠자리목
실잠자리과

우리나라 전역에 분포하지만 볼 수 있는 곳은 약간 한정적이다. 실잠자리류 중에서는 중대형에 속한다.

성충 수컷은 배와 다리, 그리고 이마의 색이 노란색을 띠며 가슴과 눈은 연두색을 띤다. 배 끝의 7~10마디 윗면에는 검은 색 반점이 있다. 암컷은 수컷보다 노란기가 덜하며 배의 색깔도 노란색보다는 약간 어두운 연두색에 가깝다. 암수 모두 날개는 투명하지만 날개 맥은 검정색이다.

성충은 6월 초에 출현하여 9월 까지 활동하는데, 7~8월에 가장 많이 보인다. 조심성이 많아 높이 날지 않으며 빠르게 날지도 못한다. 물가 보다는 논 주변이나 도로변, 숲 가장자리에서 많이 활동한다. 특히 휴경논 같이 물이 많지 않은 곳을 오히려 좋아한다.

교미를 마친 암컷은 수컷과 연결된 채로 연못이나 습지의 식물 조직 속에 산란관을 집어넣고 산란한다.

---

* **출현시기** 6~9월
* **출현회수** 연 1회
* **사 는 곳** 연못 주변, 휴양지
* **월   동** 유충
* **몸 길 이** 38~42mm

노란실잠자리 배끝의 7~10마디에는 검은색 반점이 있다.

노란실잠자리는 휴식 중에 머리를 180도까지 돌리며 까우뚱거리는 습성이 있다.

104. 방울실잠자리 *Platycnemis phillopoda* 잠자리목 방울실잠자리과

우리나라 중부 이북 지방에 분포한다. 국외로는 중국 중. 북부, 우수리 등에 분포한다.

수컷의 가운데 다리와 셋째 다리의 종아리 마디에 흰색의 방패같이 생긴 넓적한 부속기가 달려 있어 이 이름이 붙었다. 사실 부속기의 생긴 모습은 방울 같지는 않으나 물 위를 천천히 비행할 때는 이 다리가 흔들려 마치 방울을 흔드는 것처럼 보인다. 특히 수컷은 암컷을 만나면 이 방울을 흔들어 구애 행동을 한다. 성숙한 암컷은 옅은 녹색 바탕에 갈색 무늬가 많아 전체적으로는 짙은 갈색으로 보이며, 미성숙일 때와 성숙일 때가 별 차이가 없다.

성충은 5월부터 출현하여 9월까지, 또는 남쪽 지방에서는 10월까지도 볼 수 있는데, 주로 물가의 풀숲이나 물 가운데의 연꽃 잎, 수초 등을 돌아다니며 먹이활동을 하고, 짝짓기를 한다. 산란은 수컷이 암컷의 목을 배 끝의 부속기로 잡은 상태에서 암컷이 배를 물에 담가 넣고 산란한다. 유충은 저수지, 늪, 강 유역에서 볼 수 있다.

---

* **출현시기** 6~9월　* **출현회수** 연 1회　* **사 는 곳** 저수지, 연못, 강 유역
* **월　　동** 유충　* **몸 길 이** 24~30mm

방울실잠자리(수컷) 다리에는 방패같이 생긴 흰색 부속기가 달려있다. 부속기는 가운데 다리와 세째 다리에만 있다.

방울실잠자리 산란 모습 산란 중 수컷은 부속기로 암컷의 목덜미를 잡은 채로 꼿꼿하게 몸을 세운다.

방울실잠자리(암컷) 암컷의 다리에는 방패같이 생긴 부속기가 없다.

105. 묵은실잠자리 *Sympecma paedisca* | 잠자리목 청실잠자리과

성충으로 월동을 하기 때문에 한해를 '묵었다' 하여 이 이름이 붙었다. 우리나라 서해안과 남해안의 평야 지대를 제외한 전역에서 볼 수 있으며, 국외로는 일본, 중국, 중앙아시아, 유럽 등지에 널리 분포한다.

몸은 겨울철 나뭇가지나 갈대색과 잘 구별이 안 되는 보호색을 띠는데, 전체적으로 옅은 갈색 바탕에 짙은 반점이 있다. 머리는 짙은 청동색이며, 겹눈에도 투명한 살색 바탕에 짙은 갈색 반점이 비쳐 보인다. 몸 색상은 미성숙일 때나 성숙일 때가 크게 다르지 않다.

성충은 4월초부터 출현하여 11월 초까지 활동하는데, 사실 성충으로 월동하기 때문에 연중 성충을 볼 수 있는 거나 마찬가지이다. 많은 곤충들이 대부분 월동을 땅 속이나 낙엽 속에서 하는 것과는 달리 마른 나뭇가지나 갈대에 붙어 겨울을 나기 때문에 쉽게 관찰이 가능하다. 월동 중이라도 햇볕이 따뜻한 날이면 잠에서 깨어 눈 쌓인 숲에서 활동하다가 다시 추워지면 또 월동 상태로 들어가곤 한다.

* **출현시기** 4~11월   * **출현회수** 연 1회   * **사 는 곳** 야산, 숲
* **월   동** 성충   * **몸 길 이** 34~38mm

묵은실잠자리 겨울을 성충으로 월동하기 때문에 묵은실잠자리라 한다.

묵은실잠자리(월동 개체)

묵은실잠자리는 겹눈이 투명한 살색이며 갈색 반점이 있다.

106. 청실잠자리 *Lestes sponsa*

잠자리목
청실잠자리과

우리나라 전역에서 볼 수 있다. 국외로는 유라시아대륙에 널리 분포한다.

실잠자리류 중에서는 대형에 속하며 암수 모두 머리의 뒷부분 등판에 금속성의 청록색 광택이 나는 것이 특징이다. 날개는 투명하며 가두리무늬(연문)는 흑갈색으로 길고 넓다. 몸 색은 미성숙일 때와 성숙일 때 서로 달라지는데, 미성숙일 때는 담황색이던 것이 성숙해지면서 점점 청록색으로 변한다. 완전히 성숙해 지면 수컷의 몸 색상은 광택이 나는 흑청색으로 변하고 옆가슴과 배 끝 부분(제8~9마디)에 청백색의 가루분이 선명하게 나타나는 반면, 암컷은 배에 담청색과 갈색 무늬가 발달한다.

성충은 6월 초순경부터 나타나 10월까지 볼 수 있다. 미성숙 개체들은 힘없이 날지만, 일단 성숙해지면 빠르고 높이 날기 때문에 좀처럼 만나기가 어렵다. 먹이 활동은 주로 야산에서 하다가 짝짓기와 산란을 위해서 물가로 다시 내려온다. 교미를 한 암수 한 쌍은 서로 연결된 상태로 수면의 식물 조직 속에 산란한다.

---

* **출현시기** 6월 초순~10월 * **출현회수** 연 1회 * **사는곳** 방죽, 야산, 연못
* **월   동** 알(추정)   * **몸 길 이** 38~42mm

청실잠자리 날개끝의 가두리무늬는 처음엔 흰색이지만 성숙하면서 검정색으로 바뀐다.

방금 우화를 끝낸 미성숙 개체 청실잠자리(암컷). 암컷은 수컷보다 배가 굵고 끝이 뭉뚝하다.

청실잠자리의 성숙한 개체는 청록색 금속광택이 난다.

107. 물잠자리 *Calopteryx japonica*

잠자리목
물잠자리과

우리나라 전역 어디서나 볼 수 있으며, 국외로는 일본, 중국 동북부, 우수리 등에 분포한다.

성충은 몸과 날개 전체가 금속광택을 띠는데, 수컷은 약간 보라색을 띤 청록색이고 날개에는 가두리 무늬가 없다. 반면 암컷의 날개는 수컷보다 검은 빛을 띤 갈색으로 약간 구리 빛이 도는데, 날개의 끝 부분에 가두리무늬 비슷한 흰색의 점무늬가 있다. 성숙, 미성숙의 색상 차이는 거의 없으며, 일생 동안 한 곳에서 생활한다.

주로 물가에 살지만 물이 없는 주변으로도 널리 날아다녀 행동반경이 넓다. 한 번에 멀리는 날지 못하며 날아다니는 시간보다는 수초나 나뭇가지 위에서 앉아 있는 시간이 많은 편이다. 그러면서도 경계심은 매우 강해 좀처럼 접근을 허락하지 않는다. 보통 수 십 마리가 떼 지어 살지만 한두 마리가 무리에서 떨어져 돌아다니기도 한다. 교미 후 암컷은 혼자서 수중 식물의 줄기 속에 산란하는데, 가끔 몸 전체를 물속으로 잠수하여 산란하기도 한다.

---

* **출현시기** 5~9월   * **출현회수** 연 1회   * **사 는 곳** 습지, 강변
* **월   동** 유충   * **몸 길 이** 55~58mm

물잠자리(암컷) 앞날개 끝에 흰 가두리무늬가 있어 쉽게 구별된다.

물잠자리(수컷) 몸색은 청록색 광택이 강하고 배는 밀대처럼 빳빳한 직선형이다.

108. 검은물잠자리 *Calopteryx atrata*

잠자리목
물잠자리과

우리나라 전역에서 볼 수 있으며, 국외로는 일본, 중국 동 . 북부, 우수리 등에 분포한다. 성충은 5월 하순경 출현하여 10월 초까지 물가에서 볼 수 있다.

수컷의 날개는 검고 광택이 나며, 가슴과 배는 청록색으로 역시 금속성 광택이 난다. 암컷의 날개는 옅은 검은색에 살색 기운이 돌고 가슴과 배는 광택이 나지 않는 흑색이다. 암수 모두 날개의 가두리에 흰색 무늬(연문)가 없이 날개 전체가 검정색인 것이 특징이다.

여러 마리가 풀잎 한 줄기에 앉아서 날개를 접었다 폈다 하는 모습은 마치 무용을 하는 것처럼 보인다. 물잠자리보다 약간 늦게 출현하는데 산지보다는 맑은 물이 흐르는 개울이나 강가, 늪, 저수지 주변 등에서 많이 볼 수 있다. 교미를 마친 암컷은 혼자 수초의 줄기 속에 산란한다. 하천의 정비나 둑 쌓기 사업으로 인해 개체 수가 점점 줄어들고 있는 실정이다.

* **출현시기** 6월 초순~10월 초순
* **출현회수** 연 1회
* **사 는 곳** 강가, 늪, 저수지 주변
* **월　　동** 유충
* **몸 길 이** 60~62mm

검은물잠자리 몸에 광택이 없으며 물잠자리보다 날개 폭이 좁고 갸름하다.

검은물잠자리는 암수 모두 검정색이다.

검은물잠자리는 한 가지에 여러 마리가 앉아 있는 경우가 많다.

109. 꼬마잠자리 *Nannophya pygmaea* 잠자리목 잠자리과

몸 크기가 18mm 정도 밖에 되지 않는 우리나라 잠자리 중에서 가장 작은 잠자리다. 꼬마잠자리는 세계에서도 가장 작은 잠자리로 우리나라 전역에 분포하지만 개체수가 적어서 멸종위기종으로 지정된 보호종이다. 얼마 전까지만 해도 매우 귀한 종이었으나 최근에는 휴경 논이 많이 생기면서 오히려 서식지와 개체수가 약간 늘어나는 추세에 있다. 국외로는 일본, 타이완, 중국 중남부, 네팔, 필리핀, 보르네오 섬 등에 널리 분포한다.

성숙한 수컷은 날개를 제외한 눈동자와 몸 전체가 온통 적색이다. 반면, 암컷은 담갈색과 흑색의 배에 제2~6마디 사이에 미색의 띠무늬가 마치 색동저고리처럼 알록달록하게 생겼다. 암수 모두 날개는 흰색이며 투명하다. 서식지는 물이 많지 않은 휴경 논이나 산지에 형성된 습지에 산다.

성충은 6월 중순경 출현하여 8월 초까지 볼 수 있으며, 대부분 죽을 때까지 서식지를 떠나지 않는다. 1m 이상 높이 날지 않는 것이 특징인데, 이는 왕잠자리나 장수잠자리 등 대형잠자리들로부터의 공격을 피하기 위해서다. 짝짓기 시간이 매우 짧은 것도 특징이다.

---

*출현시기 6월 초순~8월 *출현회수 연 1회 *사는 곳 습지, 휴경 논
*월   동 유충   *몸 길 이 17~19mm

꼬마잠자리(수컷)
수컷은 고추잠자리처럼
빨간색이다.

꼬마잠자리(암컷)
암컷은 담갈색과 흑색의 배에
제2~6마디 사이에 미색의
띠무늬가 마치 색동저고리처럼
알록달록하게 생겼다.

110. 배치레잠자리 *Lyriothemis pachygastra* 　잠자리목 / 잠자리과

배의 너비가 유난히 넓어 이 이름이 붙었다. 특히 암컷의 배는 굵고 짧으며 또 편평한 것이 특징이다. 제주도를 비롯하여 중부 이북 지방까지 우리나라 전역에서 볼 수 있으며 개체수도 많은 편이다. 국외로는 일본, 중국, 시베리아에 분포한다.

미성숙일 때에는 암수 모두 옅은 황갈색 바탕에 배의 등면에 흑색 줄무늬가 있으나 성숙하면서 가슴과 배 제2~7마디의 등면에 회색가루분이 나타나 회청색으로 변한다. 배 등면 중앙에는 굵고 검은 줄무늬가 있으며 마디선을 따라 가로 줄무늬도 검게 나타나 있다. 수컷의 배 끝은 칼끝처럼 뾰족하다.

성충은 4월부터 10월까지 작은 웅덩이나 습지에서 비교적 오랫동안 보이는 종이다. 경계심이 강하지 않은 편이어서 가까이 다가갈 수 있다. 교미 후 암컷은 습지나 농수로, 물 논의 식물 주변에 타수 산란을 하며, 알에서 깨어난 유충은 부유물이 많은 진흙 바닥 속에 숨어 산다. 우화는 주로 새벽시간에 한다.

＊출현시기 5월 초순~9월 중순　**＊출현회수** 연 1회　**＊사 는 곳** 연못, 습지
＊월　　동 유충　　　　　　　**＊몸 길 이** 35~38mm

배치레잠자리(미성숙, 수컷) 배가 짧고 폭이 유난히 넓다. 성숙해지면서 몸은 검푸른 색으로 바뀐다.

배치레잠자리 배의 아랫면은 검은 색이 발달하였다.

111. 날개띠좀잠자리 *Sympetrum pedemontanum elatum*

잠자리목
잠자리과

우리나라 전역에서 볼 수 있다. 국외로는 일본, 중국, 시베리아 등지에 널리 분포한다.

날개 끝부분에 띠 모양의 무늬가 있는 것이 특징이다. 특히 성숙한 수컷은 날개 가두리 문양이 몸색과 같이 빨간색인 반면 암컷은 황백색이다. 암컷은 배의 8, 9마디에 진한 흑갈색의 점이 있는 반면 수컷에는 이것이 없다.

성충은 6월 말부터 출현하여 11월까지 활동하는데, 행동반경은 그리 크지 않으며, 주로 물가를 떠나지 않는다. 비교적 빠르게 날지 않으며 정지 비행을 자주 하는 편이다. 교미를 마친 암수는 서로 연결한 상태로 물가의 모래나 진흙 위에 타수 산란한다. 산란된 알은 그 상태로 월동한 후 이듬해 부화하여 물로 들어가 생활한다. 다른 잠자리들이 수컷끼리 경쟁하거나 영역 다툼을 하는 반면 이 종은 한 구역에 여러 마리의 수컷들이 함께 활동하는 것을 볼 수 있다.

* **출현시기** 6~11월
* **출현회수** 연 1회
* **사 는 곳** 개울가, 저수지
* **월　 동** 알
* **몸 길 이** 32~36mm

날개띠좀잠자리 꽁지를 쳐들고 물구나무서는 습성이 있는데, 이는 체온 조절을 위한 것으로 보인다.

날개띠좀잠자리(수컷) 성숙한 수컷은 날개의 가두리 문양이 빨간색이다.

날개띠좀잠자리(암컷) 암컷은 날개의 가두리 문양이 황백색이다.

112. 밀잠자리 *Orthetrum albistylum speciosum*

잠자리목
잠자리과

도서지역을 포함한 우리나라 전역에서 볼 수 있는 흔한 종이다. 국외로는 일본과 타이완 등에 분포한다.

미성숙일 때에는 암수 모두 황갈색 바탕에 흑색 무늬만 나타나지만 성숙해지면서 수컷은 전혀 다른 색상으로 변한다. 즉, 수컷은 점점 흑색이 짙어지는 반면, 암컷은 미성숙일 때와 크게 차이가 없고 다만 약간 녹색을 띤 짙은 황갈색으로 변하게 된다.

성충은 4월 중순경 출현하여 10월까지 볼 수 있는데, 주로 물가의 풀 사이나 부근의 숲 속에서 생활하다가 물가로 돌아와 모래바닥이나 돌, 나뭇가지, 풀줄기 등에 앉아 텃세 행동을 한다. 교미를 마친 암컷은 혼자서 늪이나 농수로, 저수지 등에서 정지 비행을 하며 수생식물 주위에 타수 산란을 한다. 암컷이 산란할 때는 수컷이 주위에서 경호 비행을 한다. 밀잠자리류는 밀잠자리 외에도 중간밀잠자리(*Orthetrum japonicum internum*), 큰밀잠자리(*Orthetrum triangulare melania*), 홀쭉밀잠자리(*Orthetrum lineostigma*) 등이 있다.

---

* **출현시기** 4~10월 * **출현회수** 연 1회 * **사 는 곳** 연못, 습지 주변
* **월   동** 유충   * **몸 길 이** 48~54mm

밀잠자리(암컷) 암컷은 미성숙일 때와 성숙일 때 색깔 차이가 없다.

밀잠자리(수컷) 수초 위와 땅바닥에서 쉬고 있다.

113. 고추잠자리 *Crocothemis servilia servilia*

잠자리목
잠자리과

성숙한 수컷의 몸 색깔이 고추처럼 붉은 색이라 이 이름이 붙여졌다. 제주도를 비롯한 우리나라 전역에 분포하나 개체 수는 그리 많은 편이 아니어서 한정된 지역에서만 볼 수 있다. 국외로는 일본, 중국, 타이완, 미얀마, 인도 및 중동까지 널리 분포한다.

미성숙일 때는 암수 모두 몸 전체가 등색(붉은 빛을 약간 띤 누런색)을 띠지만, 성숙해지면서 암수의 몸 색깔은 달라진다. 수컷은 몸 전체가 심홍색으로 변하는 반면에 암컷은 약간 노란 미등색이 되고, 등색의 날개빛깔도 약간 퇴색된다. 배마디 옆면에는 작은 톱니 모양이 발달되어 있고 배마디는 다른 잠자리들 보다 굵고 넓적한 편이다.

연못이나 호수가 등 서식지를 멀리 떠나지 않으며, 무리를 지어 살고, 쉴 때는 갈대나 마른 풀줄기에 앉지만 경계심이 강하여 가까이 접근하기 힘들다. 하루살이, 모기 등을 잡아먹고 산다. 공중에서 짧은 교미를 끝낸 후 암컷은 수면을 치며 타수 산란을 한다.

---

* **출현시기** 4~10월　* **출현회수** 연 1회　* **사 는 곳** 웅덩이, 연못
* **월　　동** 유충　* **몸 길 이** 44~48mm

고추잠자리(수컷) 성숙한 수컷은 날개를 제외한 몸 색깔이 완전 진빨강색이 된다.

고추잠자리(미성숙 암컷) 암컷의 배는 등색을 띤다.

114. 깃동잠자리 *Sympetrum infuscatum*

잠자리목
잠자리과

제주도를 비롯한 우리나라 전역에서 볼 수 있다, 국외로는 일본 중국, 중부와 동북부, 우수리 등에 분포한다. 개체 수는 상당히 많은 편이다.

깃동잠자리는 앞뒤 날개의 양 끝에 모두 4개의 짙은 무늬가 있는 것이 특징이다. 미성숙일 때의 몸 색상은 등황색 바탕에 흑색 무늬가 선명하지만 성숙해지면서 암 수 모두 몸 전체가 적갈색으로 변하고 배마디의 얼룩무늬는 선명하지 않게 된다.

성충은 6월 초순에 나타나 11월까지 보이는데, 미성숙 개체는 우화하면 야산이나 높은 산기슭으로 이동하여 먹이 활동을 한다. 행동반경은 매우 넓은 편이어서 주로 마을 뒷산의 과수원이나 경작지 주변의 나뭇가지 끝에 앉아 있는 것을 쉽게 볼 수 있다. 9월경이 되면 산지에서 내려와 짝짓기와 산란을 하게 된다. 교미가 끝난 암수는 연결한 채로 알을 직접 물에 뿌리지 않고 건조한 논바닥이나 물가에 산란하는데, 공중에서 폭격기가 폭탄을 투하하듯 타공 산란을 한다. 떨어진 알은 봄에 물이 차면 부화하게 된다.

---

* **출현시기** 6월 초순~11월   * **출현회수** 연 1회   * **사 는 곳** 산지, 마을주변
* **월   동** 알   * **몸 길 이** 44~48mm

깃동잠자리 날개를 펴고 앉으면 양날개 끝에 네 개의 깃동무늬가 뚜렷하게 보인다.

깃동잠자리 수컷은
짝짓기 동안에
배 끝에 있는 부속기를
암컷의 목에 걸고
날아 다니는데,
쉴 때도 마찬가지이다.

115. 노란허리잠자리 *Pseudothemis zonata* 잠자리목 잠자리과

가슴과 배가 만나는 부분에 노란색의 넓은 띠가 있어서 노란허리잠자리라 불린다. 제주도를 비롯한 한반도 전역에서 볼 수 있다. 국외로는 중국 중. 남부, 타이완, 일본 등에 널리 분포한다.

몸 색상은 흑색바탕에 배 제3~4마디 부근에 황색 띠무늬가 있는데, 미성숙일 때는 암수 모두 황색을 띠지만 수컷은 성숙해지면서 점점 백색으로 변한다. 날개는 투명하나 뒷날개 몸쪽으로는 흑갈색 무늬가 발달하였다.

성충은 5월 하순경부터 출현하기 시작하는데, 작은 연못이나 큰 저수지 등 고인 물에 서식한다. 수컷은 연못 주위를 계속 순찰하는 습성이 있으며 죽을 때까지 물을 떠나지 않는다. 반면에 암컷은 신중하여 인근의 숲에 살며 짝짓기와 산란을 위해서만 물가로 온다. 수컷끼리 점유활동이 강하며 교미를 끝낸 후 암컷은 혼자서 수면을 배로 치며 타수 산란 한다.

---

* **출현시기** 5~9월
* **출현회수** 연 1회
* **사 는 곳** 연못, 방죽
* **월　　동** 유충
* **몸 길 이** 36~42mm

노란허리잠자리(수컷) 노란허리잠자리는 허리부분에 흰색의 띠가 선명하며 금방 알 수 있다.

116. 나비잠자리 *Rhyothemis fuliginosa*

잠자리목
잠자리과

 날개 모양과 색이 나비같이 특이하게 생겼을 뿐 아니라 나는 모습도 다른 잠자리들과는 달리 나비처럼 날기 때문에 나비잠자리라 한다. 남부지방에서 중부 이북지방까지 우리나라 전역에 널리 분포하지만 볼 수 있는 곳은 매우 한정되어 있다.

 뒷날개가 유난히 넓고 금속성 광택이 나는 검은색 날개를 가진 것이 특징이다. 머리뿐 아니라 가슴, 다리, 배 전체가 검은색이며 광택이 난다. 날개 무늬는 암수가 약간 차이를 보이는데, 암컷은 날개에 흰 부분이 더 많다. 날개의 검은색도 단순히 검은색이 아니라 마치 금박을 입힌 것처럼 반짝거린다. 암컷의 경우, 지역에 따라 날개 바탕색이 녹색의 금속성 광택을 띠는 개체도 종종 발견된다. 성숙, 미성숙 개체 간의 색상차이는 거의 없다.

 연못이나 조그만 방죽, 대규모 댐 주변 등 수심에 상관없이 고인 물에서 서식한다. 나비잠자리는 성충이 된 후에도 물을 떠나지 않는다. 유난히 점유활동이 활발하며 여러 마리가 몰려다니기도 하고 수컷끼리 경쟁도 심하다.

---

* **출현시기** 6~9월   * **출현회수** 연 1회   * **사 는 곳** 저수지, 습지
* **월   동** 유충   * **몸 길 이** 34~37mm

나비잠자리 날개는 무지개 빛 금속성 광택이 난다.

나비잠자리가 사는 곳 나비잠자리는 조그만 방죽이나 대형댐 주변의 고인 물에 서식한다.

117. 가시측범잠자리 *Trigomphus citimus*

잠자리목
부채장수잠자리과

우리나라 전역에서 볼 수 있다. 국외로는 일본과 중국 등지에 분포한다. 대표적인 중형 잠자리로서 개체 수는 비교적 많은 편이다.

전체적으로 검은색 바탕에 연 노랑색의 무늬가 가슴과 배 윗면에 골고루 돋아 있다. 눈동자(복안)는 밝은 연두색이며 날개는 투명하고 가두리 무늬(연문)는 검정색이다. 수컷의 배 끝에 있는 성 부속기는 여덟 팔(八)자 모양으로 벌어져 있는 것이 특징이며, 윗면이 노랑색이어서 금방 알아볼 수 있다.

성충은 4월 하순경부터 출현하기 시작하여 7월 까지 활동한다. 주로 저수지나 하천, 연못 등지에서 관찰되지만 수원지 인근의 야산이나 숲속에서도 얼마든지 볼 수 있다. 산란시를 제외하고는 나뭇잎 위나 바위, 땅바닥 위에서 쉬고 있는 모습을 자주 만날 수 있다. 짝짓기를 마친 암컷은 혼자서 정지비행 하며 수면 위에 타수산란한다.

---

* **출현시기** 4~7월
* **출현회수** 연 1회
* **사 는 곳** 수원지 주변의 야산, 숲
* **월   동** 유충
* **몸 길 이** 42~45mm

가시측범잠자리 배 끝에 있는 성 부속기가 여덟 팔(八)자 모양으로 된 것이 특징이다.

가시측범잠자리(수컷) 나뭇잎 위에서 휴식하고 있다.

가시측범잠자리가 짝짓기를 하고 있다.

118. 어리장수잠자리 *Sieboldius albardae* 잠자리목 부채장수잠자리과

몸의 색상과 무늬가 장수잠자리를 닮아서 붙여진 이름이다. 우리나라 전역에서 볼 수 있으며, 국외로는 일본, 중국 동북부, 우수리 등에 분포한다.

전체적으로 흑색 바탕에 가슴과 배마디는 황색 무늬가 새겨져 있다. 좌우 겹눈은 몸에 비해 크기가 비교적 작으며 눈 빛깔은 밝은 연두색이다. 날개 역시 투명하지만 흑색의 날개맥과 가두리 무늬 때문에 전체적으로 어둡게 보인다. 가슴 등판에는 삼지창 같이 생긴 노란색 무늬가 있으며, 배마디에는 모두 6개의 노란색 띠가 있다. 수컷은 배 끝이 약간 아래쪽으로 꺾인 반면, 암컷은 곧고 뭉뚝하다.

교미를 마친 성충은 암컷 혼자서 수심이 얕고 물살이 느린 개울의 수면 위에 타수 산란한다. 유충은 수심이 깊지 않은 하천 바닥의 돌 틈에 붙어서 사는데 흐르는 물살에 떠내려가지 않도록 낙엽처럼 둥글납작하게 생겼다. 종령 유충은 물가의 돌 위로 올라와 우화한다.

* **출현시기** 5월 하순~9월   * **출현회수** 연 1회   * **사 는 곳** 하천 주변
* **월   동** 유충   * **몸 길 이** 75~80mm

어리장수잠자리(수컷)
강가의 바위로 올라와 우화 한 수컷이 처녀비행을 위해 날개를 말리고 있다.

어리장수잠자리(암컷)
어리수잠자리는 빠르게 나는 종이지만, 가끔 휴식을 위해 땅에 앉는다.

어리수잠자리 유충이 사는 곳
어리수잠자리는 수심이 얕고 물살이 느린 개울에서 서식한다.

119. 왕잠자리 *Anax parthenope julius*

잠자리목
왕잠자리과

제주도와 부속 도서를 포함한 우리나라 전역에서 볼 수 있는 흔한 종이다. 국외로는 타이완, 일본 등에 분포한다. 장수잠자리 다음으로 큰 대형 종이다. 유충은 고인 물에서 사는데, 1급수는 물론 3급수의 웅덩이에서도 살 정도로 적응력이 뛰어난 종이다.

성충은 가슴이 옅은 녹색이며 무늬가 거의 없다. 수컷은 배 제2,3마디의 등면이 밝은 청색을 띠는 반면, 암컷은 황록색을 띠고, 배의 밑 부분이 은백색으로 광택이 난다. 그 밖의 각 마디는 수컷은 흑색이고 암컷은 짙은 갈색이다.

작은 웅덩이와 큰 저수지를 가리지 않으며 점유활동도 강하고 다른 종과는 물론 같은 종끼리도 세력다툼을 자주 벌인다. 교미가 끝난 암수는 서로 연결한 채로 물가의 이 곳 저 곳을 돌아다니며 수생 식물의 줄기에 산란하는데, 이 때 수컷은 풀 가지를 붙들어 균형을 잡아준다. 알은 부화하면 처음에는 물벼룩 따위를 먹고 자라다 차츰 장구벌레나 실지렁이, 송사리, 올챙이 등을 먹으며 성장한다. 왕잠자리의 유충기는 약 3년이다.

---

* **출현시기** 6~10월　* **출현회수** 연 1회　* **사 는 곳** 저수지, 연못
* **월　　동** 유충　* **몸 길 이** 65~70mm

왕잠자리(암컷)
휴식 중이다.

왕잠자리가 산란을 하고 있다.
암컷이 산란을 하고 있는 동안
수컷은 풀가지를 붙들어 균형을
잡아준다.

**방금 우화를 끝낸
먹줄왕잠자리**
*(Anax nigrofasciatus
nigrofasciatus)*

120. 장수잠자리 *Anotogaster sieboldii* | 잠자리목 장수잠자리과

우리나라 전역에서 볼 수 있다. 국외로는 일본을 비롯하여 중국 유라시아, 아메리카까지 널리 분포한다.

우리나라 잠자리 중에서는 크기가 가장 큰 대형종이다. 성충의 눈은 보석같이 영롱한 초록빛을 띤다. 몸 색은 검정색 바탕에 황색 줄무늬가 규칙적으로 배열되어 있는데 마지막 두 마디에만 띠가 없다. 날개는 투명하고 별도의 무늬는 없다.

성충은 7월 초에 출현하는데, 비행속도가 빠르고 민첩하며 산란 활동을 할 때를 제외하고는 높이 날기 때문에 좀처럼 관찰하기가 쉽지 않다. 미성숙일 때에는 야산에서 생활하다가 7월 중순 이후부터 9월 사이에 다시 골짜기로 돌아온다. 수심이 얕은 실개울을 따라 탐색을 하면서 적당한 곳에서 정지 비행을 하며 타수 산란한다. 산란은 한 5분~10분가량 계속되며, 알에서 부화한 유충은 돌 밑이나 흙속에서 5년간 먹이활동을 하며 성장한다. 종령유충은 물가의 갈대나 풀줄기를 타고 올라가 우화한다. 유충은 유속이 빠르지 않고 수량이 적은 계곡이나 산지의 흐르는 물에서 주로 산다.

＊출현시기 7~9월 **＊출현회수** 연 1회(1세대 4~5년) **＊사는곳** 야산, 골짜기
＊월　　동 유충 **＊몸 길 이** 92~105mm

장수잠자리
방금 우화를 끝낸 장수잠자리.
점차 눈동자의 색깔이
초록색으로 바뀐다.

장수잠자리 탈피각
배끝이 뾰족하다.

장수잠자리 유충이 사는 곳
장수잠자리 유충은 수량이
많지 않은 맑은 골짜기에서
5년간 살기 때문에
환경지표종으로서 중요하다.

121. 베짱이 *Hexacentrus unicolor*

**메뚜기목
여치과**

우리나라 전역에서 볼 수 있다. 국외로는 일본과 중국 등에 분포한다. 우는 소리가 마치 베를 짜는 소리와 같다하여 붙여진 이름이다. 그래서 〈배짱이〉가 아니라 〈베짱이〉인 것이다.

몸 색상은 전체적으로 녹색이지만 머리와 가슴 윗면에 짙은 적갈색의 딱지가 뚜렷하여 다른 베짱이류와 구별된다. 이 갈색 등딱지는 위에서 보면 쐐기형태의 날개선과 연결되어 마치 칼자루처럼 보인다. 앞가슴은 말안장처럼 둥근 모양을 하고 있다. 성충의 앞날개는 중앙이 너비가 넓고 길이는 배보다 길며, 앞다리와 가운데 종아리마디에는 날카로운 가시돌기가 발달하였다. 암컷의 산란관은 긴 칼모양의 직선형으로 생겼다.

성충은 8월경부터 보이지만 이미 어린 약충들은 6월경이면 출현하여 먹이활동과 탈피를 계속하며 성장해 나간다. 높지 않은 야산과 경작지 주변에 살며, 야간에 주로 활동하지만 주간에도 관찰이 가능하다. 우는 소리는 '찌--쫑' 하는 독특한 소리를 낸다. 육식성으로 풀과 나무 사이를 이동하면서 먹이를 잡아먹고 산다.

---

*출현시기 4~10월 *출현회수 연 1회 *사는 곳 야산과 경작지 주변
*월   동 알 *몸 길 이 28~35mm

베짱이(성충 암컷) 두 달 정도의 약충기를 보낸 베짱이는 8월이 되어야 비로소 성충이 된다.

베짱이류 약충 베짱이는 6월초부터 약충들이 보이기 시작한다.

122. 실베짱이 *Phaneroptera falcata*

메뚜기목
여치과

몸이 가늘고 긴 형태를 하고 있기 때문에 실베짱이라 한다. 우리나라 중남부 지방에 주로 분포하며, 국외로는 일본, 중국에 분포한다.

몸 색상은 전체가 옅은 녹색을 띠지만, 가슴과 날개 중앙선, 다리 등은 갈색을 띤다. 암수 모두 날개 길이는 배보다 길며, 뒷날개가 앞날개보다 길다. 암컷의 산란관은 U자 형으로 생겼는데 위로 배 끝에서 위로 짧게 굽었다. 다리는 가늘고 길며, 특히 뒷다리가 몸에 비해 상당히 긴 편이다.

성충은 7월부터 출현하여 10월까지 활동하는데, 따뜻한 지역에서는 더 늦게까지도 볼 수 있다. 야산이나 평지의 초원, 경작지 주변 등 어디서나 쉽게 볼 수 있다. 식성은 초식성으로서 주로 꽃잎이나 풀잎 등을 갉아 먹고 산다. 밤이 되면 수컷은 '찌-' 하고 긴 소리를 내어 암컷을 유인하는데, 이 소리를 듣고 암컷은 수컷이 있는 쪽으로 이동하여 짝짓기를 한다. 짝짓기를 마친 암컷은 나무껍질 속이나 나뭇잎 속에 산란한다. 알로 월동한다.

---

* **출현시기** 7~11월　 * **출현회수** 연 1회　 * **사 는 곳** 풀밭, 꽃밭
* **월　 동** 알　 * **몸 길 이** 30~40mm

실베짱이(암컷) 울콩의 꽃잎을 갉아 먹는 성충.

실베짱이(약충) 약충시절부터 이미 뒷다리는 길게 발달하였다.

실베짱이는 몸이 가늘고 길게 생겼다. 날개는 배보다 길다.

123. 검은다리실베짱이 *Phaneroptera nigroantennata*

메뚜기목 여치과

우리나라 전역에서 볼 수 있다. 국외로는 일본, 중국, 타이완 등지에 분포한다. 뒷다리 종아리마디가 검은 색을 띠기 때문에 이 이름이 붙었다.

전체적인 생김새가 실베짱이와 비슷하지만 뒷다리가 뚜렷한 검은 색이기 때문에 쉽게 구별된다. 더듬이는 가늘고 길게 생겼으며 색깔은 흑색인데, 마디 절마다 흰색의 마디무늬가 있다. 성충의 뒷다리 종아리마디는 전체가 흑색이지만 유충기에는 마디 아랫부분에 흰 무늬가 나타난다. 앞날개는 짧고 좁으며 그물코 모양의 날개맥이 선명하게 있고, 뒷날개는 앞날개보다 길다. 몸 중앙 윗면에는 적갈색의 선이 있다.

성충이나 약충 모두 풀숲에 살며 낮에 주로 활동을 하는데, 초식성으로서 풀잎사귀나 부드러운 꽃잎 등을 갉아 먹으며 산다. 날개가 있어 날기는 하지만 비행거리는 5m 내외로 짧은 편이다. 풀과 풀 사이를 천천히 기어서 이동하며 위급한 경우에만 날개를 편다. 알로 월동한다.

---

*출현시기 6~11월 *출현회수 연 1~2회 *사는 곳 숲, 경작지 주변
*월   동 알 *몸 길 이 29~35mm

검은다리실베짱이(수컷·성충) 뒷다리의 검정색이 뚜렷하다.

검은다리실베짱이는 유충기부터 다리색이 검은색을 띠기 때문에 구별하기 쉽다.

검은다리실베짱이(암컷 약충)
암컷은 산란관이 U자형으로 짧게 꼬부라져 있다.

124. 줄베짱이 *Ducetia japonica*

메뚜기목 여치과

우리나라 전역에서 볼 수 있다. 국외로는 일본과 중국에 분포한다. 몸 색상은 녹색형과 황갈색형이 있으나 녹색형이 훨씬 보편적이다. 암컷은 앞가슴에 너비가 넓은 등황색 선이 있고, 수컷은 전체가 등갈색이다. 날개 접합선을 따라 수컷은 옅은 갈색, 암컷은 옅은 황색의 줄이 그어져 있다.

성충은 8월부터 출현하여 10월말 까지 볼 수 있다. 된서리만 내리지 않으면 11월까지도 산다. 평지와 야산의 초원에 주로 살지만 경작지 주변이나 시골집의 텃밭 또는 꽃밭에서도 볼 수 있다. 나뭇잎이나 풀잎에 앉아 있는 것을 자주 볼 수 있는데, 특히 호박잎을 즐겨 찾는다. 행동은 민첩하지 못하며 더듬이와 다리를 쭉 펴고 않으면 잘 찾을 수 없을 정도로 다른 베짱이류와는 약간 다른 은신술(의사행위)을 갖고 있다. 수컷은 밤에 울며 암컷의 산란관은 밑 부분이 위쪽으로 구부러졌다. 알로 월동한다.

---

* **출현시기** 8~10월
* **출현회수** 연 1회
* **사 는 곳** 풀밭, 꽃밭
* **월 동** 알
* **몸 길 이** 33~37mm

줄베짱이(성충) 줄베짱이는 등에 연노랑색 줄이 있는 것이 특징이다.

줄베짱이(암컷 약충) 어린 호박잎을 좋아한다. 약충시절부터 죽은 척하는 의사행동을 보인다.

줄베짱이(성충) 줄베짱이는 온도만 알맞으면 하우스 내에서도 성충으로 월동한다.

125. 중베짱이 *Tettigonia viridissima*

메뚜기목
여치과

우리나라 전역에서 볼 수 있지만 고산지대에서 주로 서식한다. 국외로는 일본과 중국 등지에 분포한다.

몸 색은 녹색이 주를 이루며 머리와 가슴 등판, 그리고 날개연결선 부위에 갈색이 돋아나 있다. 특히 수컷의 날개 윗면에는 소리를 내는 울림막이 둥그렇게 돋아나 있는데, 이 부분은 짙은 갈색이며 검정 반점이 있다. 겹눈은 작으며 더듬이는 길고 별도의 마디무늬가 없다. 앞날개는 배 끝보다 길고 앞다리 종아리마디에는 날카로운 가시열이 발달하여 있다.

성충은 7월 하순경에 출현하여 10월까지 활동하는데, 산지의 풀숲이나 나무 위에서 활동한다. 암컷의 산란관은 길고 뾰족하게 생겼다. 수컷은 나무 위나 풀 밭 속에서 밤새 울어댄다. 여러 마리가 한 영역에서 살며 멀리 이동하지 않는 습성이 있다. 식성은 잡식성으로 유충기에는 꽃술을 먹다가 성충이 되면 작은 벌레들도 잡아먹는다. 알로 월동한다.

---

* **출현시기** 7~10월   * **출현회수** 연 1회   * **사 는 곳** 산지, 풀숲
* **월　　동** 알   * **몸 길 이** 28~35mm

중베짱이(수컷)
성충 수컷의 날개 윗면에는
울림막이 뚜렷하다.

중베짱이(암컷 약충)
중베짱이는 유충기에는 꽃술을
먹다가 성충이 되면 잡식성으로
바뀐다.

중베짱이(암컷)
밤에 먹이활동을 하는
암컷 성충이 더듬이를
가다듬고 있다.

126. 쌕쌔기 *Conocephalus chinensis*

메뚜기목
여치과

우는 소리가 쌕쌕거린다 하여 쌕쌔기라 한다. 우리나라 중북부 지방에 분포한다.

몸은 밝은 녹색을 띠지만 날개에는 약한 갈색이 섞여 있다. 머리 끝이 뾰족하고 입은 안쪽 아래에 숨어 있다. 더듬이는 약간 붉은 색을 띠는데, 몸길이의 4~5배나 될 정도로 유난히 긴 것이 특징이다. 수컷의 앞날개 등짝으로는 원형의 투명한 떨림막이 있는데, 암컷은 울지 않으므로 이것이 없다. 칼처럼 생긴 암컷의 산란관은 배 끝에서 삐져나와 있는데, 유충기에는 날개가 없어 잘 보이지만 성충이 되면 날개에 가려 잘 보이지 않게 된다.

성충은 주로 10월경이나 되어야 볼 수 있으며, 6월부터는 어린 약충들이 활동하는 것을 관찰할 수 있다. 풀숲에 주로 살며 작은 벌레류를 잡아먹고 산다. 긴 더듬이는 탄력이 강해 마치 채찍처럼 좌우로 움직이며 주변 상황을 감지한다. 날개는 있지만 잘 날지 않으며 풀잎과 풀잎 사이를 기어 다니다 위험을 느끼면 곧 바로 밑으로 숨거나 땅 아래로 떨어져 몸을 피한다.

---

* **출현시기** 4~10월　* **출현회수** 연 1~2회　* **사 는 곳** 풀숲, 야산
* **월　　동** 알　　　　* **몸 길 이** 15~20mm

쌕쌔기(수컷)
수컷의 등판에는 원형의 투명한 떨림막이 발달되어 있다.

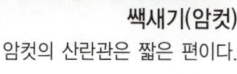

쌕새기(암컷)
암컷의 산란관은 짧은 편이다.

쌕새기(암컷 약충)
쌕새기는 정지상태에서도 채칙같은 더듬이를 사방으로 돌려 경계를 게을리하지 않는다.

127. 긴꼬리쌕쌔기 *Conocephalus gladiatus* 　메뚜기목 여치과

우리나라 중부 이북지역에서 볼 수 있다. 국외로는 일본과 중국 동북부에 분포한다.

몸 색깔은 배 아래쪽은 옅은 녹색이지만 등 쪽은 갈색을 띠고, 머리와 등 가슴에 짙은 적갈색의 줄무늬가 있다. 수컷은 더듬이가 매우 길어 몸길이의 3배 정도나 되며, 암컷의 더듬이는 이보다 짧다. 또한 암컷의 산란관은 거의 몸길이와 같거나 몸보다 길 정도로 매우 길다.

성충은 8월경부터 출현하여 풀밭이나 경작지 주변의 잡목림에 산다. 밤에 주로 활동하지만 주간에도 활발히 움직이며 울어댄다. 경계심이 매우 강해서 항상 촉각을 곤두세우고, 위험을 느끼면 곧바로 가지 속으로 몸을 숨긴다. 때문에 밤에는 풀잎에서 활동하지만 낮에는 회양목과 같이 속이 촘촘한 나무를 은신처로 활용한다. 짝짓기를 마친 암컷은 긴 산란관을 땅에 찔러 알을 낳는다. 알은 그 상태로 월동하여 이듬해 봄을 넘기고 여름에 부화한다.

---

* **출현시기** 8~10월　　* **출현회수** 연 1회　　* **사 는 곳** 풀숲
* **월　　동** 알　　* **몸 길 이** 15~20mm

긴꼬리쌕쌔기
긴꼬리쌕쌔기는 주로 밤에 활동하는데, 암컷은 수컷이 우는 소리를 듣고 찾아간다.

칼같이 생긴 긴꼬리쌕쌔기(암컷)의 산란관은 몸길이 만큼이나 길다.

긴꼬리쌕쌔기(암컷)
암컷의 등짝에는 떨림막이 없어 울지 못한다.

128. 여치 *Gampsocleis sedakovi abscura*

메뚜기목
여치과

우리나라 전역에서 볼 수 있다. 국외로는 일본 중국 등에 분포한다.

몸이 유난히 뚱뚱하고 색상은 황록색 바탕에 적갈색이 섞여 있다. 암수 모두 앞날개는 배 끝을 넘지 않으며, 수컷의 오른쪽 앞날개에는 투명한 원형의 발음막이 있다. 겹눈은 별도의 무늬가 없이 어두운 검정색으로 보인다. 입은 씹는 입으로서 상하 좌우를 동시에 움직일 수 있는 매우 강력한 구조를 하고 있다.

성충은 무더운 7월경부터 출현하는데 평지의 강변이나 초지에 살며 특히 도로가의 풀밭에 많이 산다. 몸이 날개에 비해 무겁기 때문에 잘 날거나 뛰지 못하고 풀과 풀 사이를 기어 다닌다. 수컷은 주로 낮에 우는데, 두 장의 날개를 마찰시켜 처음에는 "쫑! 쫑!" 하며 단발음을 내다가, 나중엔 마치 전화벨소리처럼 "따르르르" 하고 지속적인 소리를 낸다. 암컷은 이 소리를 듣고 서서히 수컷에게로 찾아 간다. 여치의 뚱뚱한 배 속에는 대부분 철사벌레(연가시)가 기생하고 있는 경우가 많다. 알로 월동한다.

***출현시기** 7~8월 ***출현회수** 연 1회 ***사 는 곳** 도로변이나 하천변 풀 숲
***월   동** 알   ***몸 길 이** 33~40mm

여치(암컷) 산란관은 크고 강하게 생겼으며 위에서 아래로 휘어져 있다.

여치(암컷)의 날개가 짧아 배끝을 넘지 않는다.

여치의 얼굴. 여치는 강력한 입을 가지고 있기 때문에 물리면 상처가 난다.

129. 갈색여치 *Paratlanticus ussuriensis*

메뚜기목 여치과

우리나라 중북부에서 볼 수 있다. 국외로는 극동러시아에 분포한다.

몸 색은 흑갈색형과 황갈색형이 있는데, 두 가지 다 배 아랫부분은 밝은 녹색을 하고 있다. 앞날개는 퇴화되어 앞가슴정도 길이 밖에 되지 않으며 날지 못한다. 가슴 등판은 마치 안장모양으로 생겼으며, 옆구리 쪽으로 넓게 휘어져 퍼져 있다. 암컷의 산란관은 몸 길이보다 길고, 형태는 직선형이지만 약간 아래쪽으로 굽으며, 끝이 칼끝처럼 경사져 있어 땅에 쑤셔 넣기 좋도록 되었다. 좀날개여치(*Atlanticus brunneri*)와 비슷하게 생겨서 구분이 쉽지 않다.

성충은 8월경에 출현하여 10월까지 활동하는데, 산지의 임도 주변으로 낙엽이 쌓인 곳이나 회양목 등 키가 작고 가지가 빽빽한 나무 속에서 주로 산다. 식성은 잡식성이다. 9월 경 알에서 부화한 약충은 2령 유충 상태로 낙엽 속에 들어가 월동한다.

---

* **출현시기** 8~10월
* **출현회수** 연 1회
* **사 는 곳** 도로변 숲, 정원
* **월 동** 유충
* **몸 길 이** 25~30mm

갈색여치(흑갈색형 수컷)
갈색여치의 날개는 아주 짧다.

갈색여치(수컷 약충)
배 아랫면이 밝은 연두색을 띤다.

좀날개여치(암컷)
좀날개여치는 날개가 아예 없다.

130. 잔날개여치 *Metrioptera bonneti*

메뚜기목 여치과

날개 길이가 짧아서 잔날개여치라 불린다. 우리나라 중부 이북지방에서 볼 수 있다. 국외로는 일본과 중국 동북부, 극동러시아지역에 분포한다.

몸길이는 24~32mm 로서 여치류 중에서는 소형에 속한다. 생김새가 꼽등이처럼 등이 굽은 것이 특징이다. 몸 색깔은 암갈색 또는 갈색을 띠는데, 눈 위에 약한 흰색 줄이 있으며 가슴 등판에도 선명한 흰색 줄이 그어져 있다. 미성숙 약충기에는 몸의 등을 따라 옅고 넓은 띠가 발달한다. 앞날개 길이는 배 길이의 1/3 에도 못 미칠 정도로 짧다. 암컷의 산란관은 검정색이며 칼날처럼 짧고 날카롭게 위로 휘어져 있다.

성충은 6월부터 출현하여 9월까지 활동하는데, 수로 하천변이나 제방 등, 물기가 많은 곳을 서식지로 삼고 산다. 식성은 잡식성이고 알로 월동한다.

---

* **출현시기** 6~8월
* **출현회수** 연 1회
* **사 는 곳** 물가의 풀숲
* **월　　동** 알
* **몸 길 이** 24~32mm

잔날개여치 (흑색형, 암컷 약충). 가슴 등판에 흰색의 어깨선이 분명하다.

잔날개여치(갈색형, 암컷 성충) 산란관이 굵고 짧게 발달되어 있다.

잔날개여치 (흑색형, 수컷 유충)

131. 매부리 *Ruspolia lineosa*

메뚜기목
여치과

우리나라 전역에서 볼 수 있다. 국외로는 일본, 대만, 중국 등에 분포한다.

몸 색은 녹색형과 갈색형이 있는데, 녹색형인 경우에도 다리의 종아리마디와 산란관 끝부분은 황갈색이 발달한 개체들이 많이 있다. 몸은 길고 크며 머리끝이 뾰족하게 앞으로 튀어 나왔다. 입은 색깔이 주황색이다. 암컷의 산란관은 칼처럼 길고 곧으며 날개 보다 훨씬 길다. 앞날개는 비교적 짧고 끝은 둥글다.

성충은 9월 초순경부터 출현하여 늦가을 까지 활동하는데, 해가 지고 어두워지면 수컷들은 연속적으로 매우 시끄럽게 울어대며 암컷을 유인한다. 논밭 주변이나 습지, 하천 제방 등 주로 저지대 풀밭에서 덤불이나 나뭇잎 사이에 모습을 감추고 살기 때문에 눈에 잘 띠지 않는다. 식성은 잡식성으로 식물의 씨앗과 작은 곤충을 잡아먹는다. 교미를 마친 암컷은 산란관을 땅에 꽂아 알을 낳으며, 알은 땅속에서 그대로 월동한 후 이듬해 봄에 부화한다.

---

* **출현시기** 9월초~11월초   * **출현회수** 연 1회
* **사 는 곳** 경작지 주변이나 습한 초원, 하천 제방 풀숲
* **월　　동** 알   * **몸 길 이** 35~75mm

매부리(갈색형, 수컷) 매부리는 머리 끝이 뾰족하게 생겼다.

매부리(녹색형, 암컷) 매부리 암컷은 산란관이 배 끝에 길게 나와 있다.

132. 땅강아지 *Gryllotalpa orientalis*

메뚜기목 땅강아지과

우리나라 전역에서 볼 수 있다. 국외로는 일본을 비롯하여 타이완 등 동남아시아는 물론, 오세아니아와 아프리카 대륙에 걸쳐 널리 분포한다.

몸 전체가 미세한 털로 덮여있어 물이나 흙이 묻어나지 않게 되어 있다. 몸 색상은 흑갈색이며 몸의 형태는 땅을 잘 파고 나갈 수 있도록 머리와 가슴이 일체형으로 생겨 경계가 불분명하다. 머리의 생김새는 가재처럼 생겼다. 날개는 작아서 퇴화된 듯 보이지만 불빛에 잘 날아들 정도로 나는 데는 전혀 문제가 없다. 앞다리의 종아리마디는 땅을 잘 팔 수 있도록 불도저 날처럼 넓적하게 발달되었는데 이 앞다리를 이용하여 물에서 헤엄을 치기도 한다.

성충은 땅속에 터널을 파고 사는데 구멍 속에서 '쭈-' 하는 울음소리를 내며 암컷을 부른다. 암컷 역시 같은 소리를 내는데, 이것은 여느 풀벌레들과 다른 점이다. 암컷은 5~7월 땅 속에 에 알을 낳고는 애벌레가 3령이 될 때 까지 돌봐주는 모성애를 보인다. 잡식성으로 풀뿌리나 작은 곤충을 먹는다.

---

* **출현시기** 5~11월　* **출현회수** 연 1회　* **사는 곳** 땅 속, 모래 밭 주변
* **월　　동** 성충　* **몸 길 이** 30~35mm

진흙 속에서 사는 땅강아지 머리는 가재처럼 생겼다.

모래밭에서 사는 땅강아지 땅강아지의 몸은 방수층이 형성되어 있어 흙속에서도 흙이 몸에 달라붙지 않는다.

133. 왕귀뚜라미 *Teleogryllus emma*

메뚜기목
귀뚜라미과

우리나라 전역에서 볼 수 있다. 국외로는 일본을 비롯하여 중국, 동남아시아 일원까지 널리 분포한다.

귀뚜라미보다 몸집이 크게 생겼으며, 머리 부분이 둥그렇게 튀어 나왔다. 몸 색상은 광택이 나는 흑갈색이며 머리에는 노란 줄무늬가 겹눈 안쪽 이마 부분에서 어깨 쪽으로 지나가고 있다. 더듬이는 몸길이보다 길거나 비슷하며 암컷의 산란관은 송곳처럼 생겼다. 소리를 내는 발음부는 크고 삼각형 모양으로 생겼는데, 앞날개에 있는 발음경은 길게 생겼다. 수컷만 소리를 내는데, 소리 낼 때는 양 날개를 들어 올려 서로 비벼댄다. 뒷날개는 땅강아지처럼 꼬리 모양으로 말려 있다.

성충은 8월 말경부터 출현하여 11월가지 활동하는데, 돌 밑이나 풀뿌리 밑에 난 구멍 속에서 산다. 밤에 울지만 낮에도 잘 돌아다니며 먹이활동을 한다. 특히 성충 수컷은 작은 굴을 파고 살면서 암컷을 집으로 불러들인다. 식성은 잡식성이다.

---

* **출현시기** 8~11월　* **출현회수** 연 1회　* **사 는 곳** 풀숲
* **월　　동** 유충　* **몸 길 이** 28~42mm

왕귀뚜라미(약충) 왕귀뚜라미의 유충은 몸 중간에 흰색의 가로무늬가 있다.

왕귀뚜라미(암컷 성충) 암컷은 배끝 부분에 산란관이 길에 나와 있다.

134. 방아깨비 *Acrida cinerea cinerea*

메뚜기목
메뚜기과

뒷다리를 잡고 있으면 혼자서 몸을 흔들어 방아를 찧는 것 같다 하여 방아깨비라 한다. 제주도와 울릉도 등 부속 도서를 포함하여 전국 어디서나 볼 수 있으며 개체 수도 많은 편이다. 국외로는 일본, 중국 등에 분포한다.

몸 색상은 주로 녹색형과 갈색형이 대부분이지만 가끔 적색을 띠는 개체나 앞날개에 황백색의 줄과 점무늬가 있는 개체도 발견된다. 머리는 뾰족하게 돌출하였으며 턱은 둥그런 원추형을 하고 있다. 암컷은 수컷에 비해 상당히 크다.

성충은 7월부터 출현하여 10월말까지 활동하는데, 경작지나 하천변의 화본과 식물이 자생하는 곳에 많다. 특히 잔디밭과 초지에 주로 많이 살며 벼과 식물을 먹는다. 수컷은 날 때 '타타타' 하는 날개소리를 낸다. 한편 수컷의 크기는 암컷의 반도 안 되기 때문에 짝짓기 하는 모습은 마치 어미가 새끼를 업고 다니는 것처럼 보인다. 교미를 마친 암컷은 맨땅에 배 끝으로 구멍을 파고 알을 낳는다.

---

* **출현시기** 7~10월　　* **출현회수** 연 1회　　* **사 는 곳** 초지, 잔디밭
* **월　동** 알　　　　* **몸 길 이** 수컷 : 30~45mm, 암컷 : 75~80mm

방아깨비(녹색형, 수컷)

방아깨비(암컷)
암컷은 수컷에 비해 월등히 크다.

방아깨비(갈색형, 수컷)
작고 가늘게 생겼다.

135. 모메뚜기 *Tetrix japonica*

메뚜기목
모메뚜기과

우리나라 중. 남부 및 제주도에 분포한다. 국외로는 일본, 중국 등에 분포한다. 등면의 양 옆이 튀어나와 모가 나게 생겼기 때문에 모메뚜기라 하였다.

성충의 몸길이가 10mm 내외로서 메뚜기류 중에서 가장 작은 소형종이다. 몸 색상은 주로 흑갈색형과 회갈색형이 많으며 무늬는 각양각색이다. 갈색 계통과 흑색 계통 외에 녹색 계통은 보이지 않으나 무늬의 변이가 심하여 마치 전혀 다른 종처럼 보이기도 한다. 등면의 양 옆이 돌출되어 전체적인 몸의 형태는 다이아몬드형을 하고 있다. 뒷다리 허벅마디는 몸에 비해 유난히 크고 두껍게 발달하였다. 날개는 있지만 잘 날지 않으며, 점프력이 좋아 주로 도약하며 이동하거나 피신한다.

수컷은 다리를 비벼 소리를 내기도 하는데, 평지의 경작지 주변이나 지면에 많으며 가을엔 양지바른 바위 위에서 햇볕을 쬐는 모습을 자주 볼 수 있다.

---

*출현시기 9~10월 *출현회수 연 1회 *사 는 곳 풀숲, 들판
*월   동 약충 또는 성충 *몸 길 이 7~11mm

모메뚜기(회갈색형)
모메뚜기는 메뚜기류 중에서 크기가 가장 작다.

모메뚜기(황갈색형)
몸의 형태가 마름모꼴이다.

모메뚜기(흑갈색형)
뒷다리의 허벅마디는 몸에 비해 두껍고 크게 발달하였다. 날지 않는다.

136. 섬서구메뚜기 *Atractomorpha lata*

메뚜기목
섬서구메뚜기과

우리나라 전역에서 볼 수 있다. 국외로는 일본, 타이완, 중국 등에 분포한다.

몸의 생김새는 전체적으로 갸름한 마름모꼴을 하고 있으며 머리는 원추형이다. 색상은 녹색형, 회색형, 갈색형 등 여러 가지가 있으나 녹색형이 가장 많이 눈에 띤다. 앞날개는 가늘고 길며 끝은 뾰족하고 뒷날개는 투명하다. 수컷은 암컷에 비해 월등히 작기 때문에 마치 새끼처럼 보인다. 그러나 암 수의 크기 차이는 메뚜기류의 공통적인 특징이다.

성충은 6월부터 출현하여 11월까지 활동하는데, 주로 논밭이나 초원에서 볼 수 있다. 초식성으로서 각종 식물을 먹으며 특히 수생식물도 가리지 않고 먹기 때문에 연못 주변에 살면서 물속을 자주 들락거리는 모습을 흔히 볼 수 있다. 몸이 작은 수컷은 암컷의 등에 올라타 장시간에 걸쳐 짝짓기를 한다.

* **출현시기** 6~11월
* **출현회수** 연 1회
* **사 는 곳** 풀밭, 연못가
* **월　　동** 알
* **몸 길 이** 25~42mm

섬서구메뚜기
몸 색깔은 녹색형이
대부분이지만
회색형이나 갈색형,
핑크색형 등도 있다.

섬서구메뚜기의 몸 형태는
긴 마름모꼴이다.

섬서구메뚜기는 물 속에서도 잘 적응하였기 때문에 연못의 주변에서 많이 볼 수 있다.

섬서구메뚜기 수컷은 암컷보다 월등히 작다.

137. 등검은메뚜기 *Shirakiacris shirakii* 메뚜기목 메뚜기과

제주도와 울릉도를 포함한 우리나라 전역에서 볼 수 있다. 국외로는 일본을 비롯하여 중국, 동남아시아, 인도 등에 널리 분포한다.

몸 색상은 적갈색이며 가슴 등판 전체가 흑갈색 무늬가 방패처럼 그려져 있다. 이 등판 무늬는 주위에 밝은 황갈색의 테두리로 인해 더욱 돋보인다. 앞 가두리는 완만하게 둥근 곡선을 이루지만 뒷가두리는 약간 급하고 모나 나게 생겼다. 중앙의 융기선은 있기는 하나 매우 약하며, 중앙 부분에 가로로 세 줄의 홈이 나 있다. 겹눈은 매우 독특하게 생겼는데 가는 줄무늬가 여러 개 세로로 나 있는 점이 특징이다.

성충은 여름에 출현하여 11월까지 볼 수 있으나 따뜻한 남부 도서 지방에서는 그 이상도 관찰이 가능하다. 주로 풀밭에서 많이 보이며, 경작지 주변에 흔하다. 콩과 식물을 즐겨 먹으며 알로 월동한다.

---

* **출현시기** 7~11월
* **출현회수** 연 1회
* **사 는 곳** 풀밭, 경작지 주변
* **월 동** 알
* **몸 길 이** 31~50mm

등검은메뚜기
겹눈에는 세로줄이
쳐 있는 것이 특징이다.

등검은메뚜기는 가슴 등판에
짙은 갈색의 방패무늬가 있다.

등검은메뚜기의 얼굴.

138. 벼메뚜기 *Oxya japonica*

메뚜기목
메뚜기과

우리나라 전역에서 볼 수 있다. 국외로는 일본과 중국 등에 분포한다. 농업을 위주로 하던 시절에는 우리와 가장 친근한 곤충 중 하나였으나 차츰 벼농사가 줄면서 개체 수도 많이 감소하였다. 벼과 식물을 먹기 때문에 논이나 논두렁 주변에서 흔히 볼 수 있지만 의외로 물가에서도 많이 산다.

겹눈의 뒤쪽으로부터 옆가슴을 따라 검은 줄이 연결되어 있고 날개부분부터는 검은색이 옅어진다. 옆구리의 검은 줄무늬 밑으로는 노란색이 돋아나 녹색의 몸 색깔과 경계를 분명히 한다. 날개는 배 끝을 넘을 정도로 긴데, 특히 암컷이 더 길다.

성충은 8월경부터 출현하여 10월까지 활동한다. 날개가 있으나 날기 보다는 강력한 뒷다리로 뛰어서 이동을 한다. 손으로 잡으면 입에서 갈색의 끈적거리는 액체를 뿜어내는데 이는 자신을 보호하려는 방어물질이다. 알로 월동한다.

---

* **출현시기** 8~10월   * **출현회수** 연 1회   * **사 는 곳** 논, 연못
* **월   동** 알   * **몸 길 이** 30~40mm

벼메뚜기
연못에서도 잘 산다.
방금 짝짓기를 끝내고 떨어진
암컷(왼쪽)과 수컷(오른쪽).

벼메뚜기는 주로
벼잎을 갉아먹고 산다.

벼메뚜기의 얼굴.
메뚜기는 이마가 넓기 때문에
"메뚜기 마빡"이란 말이 생겼다.

139. 끝검은메뚜기 *Stethophyma magister* 메뚜기목 메뚜기과

우리나라 중북부지방에서 볼 수 있다. 국외로는 일본, 타이완, 인도 등지에 분포한다.

몸 색상은 갈색형과 황색형이 있다. 황색형에서는 전반적으로 밝은 황록색을 띠며 날개 끝과 뒷다리 무릎부분에만 검은색이다. 더듬이는 긴 편이며 겹눈은 별도의 무늬 없이 검은색을 띤다. 더듬이 끝과 앞다리, 중간다리, 뒷다리의 발톱마디에도 검은색이 돋아난다.

성충은 6월부터 출현하여 10월까지 활동하는데, 주로 저수지 제방 근처나 하천 주변의 물기가 많은 초원지대에 산다. 뒷다리를 비벼서 소리를 내는데, 삭-삭-삭-삭 하는 소리가 마치 삽사리 소리와 비슷하다. 알로 월동한다.

* **출현시기** 6~8월
* **출현회수** 연 1회
* **사 는 곳** 저수지나 하천 변
* **월　　동** 알
* **몸 길 이** 35~45mm

끝검은메뚜기
날개 끝부분과
뒷다리 무릎이
짙은 검정색이다.

끝검은메뚜기는 주로 하천변의 풀밭에
많이 산다.

끝검은메뚜기는 뒷다리를 비벼서 소리를 낸다.

140. 각시메뚜기 *Patanga japonica*

메뚜기목
메뚜기과

남부 및 도서지방과 제주도에 산다. 온난화의 영향으로 차츰 북상하고 있는 종이다. 국외로는 일본과 중국 남부에 분포한다.

우리나라 메뚜기 중에서는 남부 종이면서도 몸길이가 50mm 에 육박하는 가장 큰 대형종이다. 제주산과 내륙산은 크기에서 10mm 이상 차이가 난다. 몸이 곧고 길며 날개 힘이 강하다. 몸 색은 갈색 바탕에 머리부터 가슴 등판 중앙, 날개 이음선을 따라 밝은 황백색의 줄무늬가 있다. 겹눈은 별도의 무늬가 없는 검은 색이며 겹눈 아래의 검은 무늬와 이어져 있다. 가슴 양 옆에도 검은 색이 돌아 있는데 그로 인해 흰색 가로줄무늬가 더욱 뚜렷해 보인다. 뒷다리의 넓적마디 바깥쪽으로도 검은 선이 그어져 있다.

성충은 년 1회 출현하는데 주로 콩밭이나 팥밭에서 많이 보인다. 날개 힘이 좋아서 한 번 날면 10m 이상 난다. 짝짓기는 가을에 하지만 성충으로 월동하고 이듬해 봄에 산란한다. 겨울에도 따뜻한 날에는 풀밭에 나와 활동하는 것을 볼 수 있다.

* **출현시기** 5~10월 * **출현회수** 연 1회   * **사 는 곳** 초지, 팥밭
* **월   동** 성충   * **몸 길 이** 30~50mm

월동중인 각시메뚜기 보호색으로 인해 구별하기 힘들다.

각시메뚜기의 겹눈 아래에는 검은줄무늬가 있다.

각시메뚜기의 얼굴.

141. 팥중이 *Oedaleus infernalis*

메뚜기목
메뚜기과

팥과 식물을 주로 먹는다 하여 팥중이라 한다. 우리나라 중남부에 분포하며 국외로는 일본과 중국 등지에 분포한다.

몸 색상은 갈색형과 녹색형이 있는데 갈색형이 보다 흔한 편이다. 둘 다 갈색 바탕에 녹색 또는 흰색 반점이 불규칙하게 나있으며 수컷의 가슴 등판에는 X자 모양(또는 다이아몬드 모양)의 무늬가 선명하게 나 있다. 뒷날개는 밝은 연두색 바탕에 흑색의 띠무늬가 아치를 그리고 있어 날개를 펴고 날 때는 이 무늬가 보인다. 수컷은 암컷에 비해 크기가 월등히 작다.

성충은 7월 하순경부터 출현하여 10월~11월 초까지 활동한다. 산기슭 초원이나 들판에 많으며 특히 팥밭에 많다, 낮에 활발히 활동하고 가을에는 따뜻한 바위 위에서 일광욕을 즐기기도 한다. 수컷은 소리를 내지 않는다. 알로 월동하며 교미를 마친 암컷은 배 끝을 땅에 박아 알을 낳는다.

---

* **출현시기** 7월 하순~10월
* **출현회수** 연 1회
* **사 는 곳** 야산, 초원, 팥밭
* **월　　동** 알
* **몸 길 이** 32~45mm

팥중이
가슴 등판에 X자 모양이
있는 것이 특징이다.

팥중이(갈색형)
팥중이는 소리를
내지않는다.

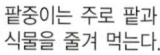

팥중이는 주로 팥과
식물을 즐겨 먹는다.

142. 콩중이 *Gastrimargus marmoratus* 메뚜기목 메뚜기과

콩과 식물을 주로 먹기 때문에 콩중이라 한다. 메뚜기류에서는 대형 종에 속한다. 울릉도와 제주도를 비롯하여 우리나라 전역에서 볼 수 있다. 국외로는 일본을 비롯하여 타이완, 중국 및 열대지방까지 널리 분포한다.

몸 색상은 녹색형과 갈색형이 주를 이루지만, 녹갈색의 혼합형도 많다. 머리는 앞면이 둥그렇고 밋밋하며 가슴 등판이 도끼날처럼 둥글게 튀어나온 것이 특징인데, 이 목덜미에는 갈색의 띠무늬가 있다. 앞날개는 갈색에 흰 줄무늬가 섞여 있으며 뒷날개에는 전체적으로 깨끗한 연두색에 중앙으로 짙은 흑색 띠무늬가 곡선을 이루고 있다. 이 뒷날개 무늬는 풀무치(*Locusta migratoria*)에게는 없는 것이기 때문에 확실히 구별된다. 머리와 겹눈에는 가느다란 갈색 줄무늬가 있는데 겹눈의 줄은 위쪽으로 휘었고, 머리의 줄은 아래쪽으로 휘었다.

성충은 8월경에 출현하여 10월까지 활동하며, 주로 식초인 콩과 식물이 심어진데서 잘 볼 수 있다.

---

* **출현시기** 8~9월   * **출현회수** 연 1회   * **사 는 곳** 풀밭, 콩밭
* **월   동** 알   * **몸 길 이** 40~57mm

콩중이(녹색형)
콩중이는 주로 콩과 식물을 즐겨 먹는다.

콩중이는 그 크기와 생김새가
풀무치와 비슷하지만
가슴등판의 중앙부(목덜미)
융기선이 도끼날처럼 둥그렇게
튀어나온 점이 다르다.

콩중이(약충)
어릴 때부터 목덜미 선이
융기되어 있다.

143. 풀무치 *Locusta migratoria*

메뚜기목
메뚜기과

제주도와 울릉도를 포함한 도서지방은 물론 우리나라 전역에서 볼 수 있다. 국외로는 일본을 비롯하여 중국 대륙 및 아프리카까지 전 세계에 널리 퍼져 있는 종이다.

성충의 몸길이가 큰 것은 65mm 까지 되는 메뚜기류에서는 가장 큰 대형 종이다. 예전에는 흔히 볼 수 있었지만 근래에는 일 부 도서지방에서나 흔할 뿐, 시골에서 조차 잘 보이지 않는 종이 되었다. 몸 색상은 주로 녹색형과 갈색형이 있으며 가끔 흑색형도 보인다. 앞날개(겉날개)는 전체적으로 갈색을 띠며, 뒷날개(속날개)는 황색으로 투명하고 별도의 무늬가 없어 콩중이(*Gastrimargus marmoratus*)와 확연히 구별된다.

성충은 7월경 출현하여 11월 까지 활동하는데 주로 땅바닥의 풀밭이나 잔디밭에서 먹이 활동을 하다가 인기척이 나면 30~40m 정도 멀리 날아 나뭇가지 위로 피하는 습성이 있다. 짝짓기를 마친 암컷은 배 끝을 땅 속에 집어넣고 땅 속에 산란한다. 풀무치는 대량발생을 하는 종으로서 농작물에 심각한 피해를 끼치던 해충이었다.

---

* **출현시기** 7~11월　* **출현회수** 연 1회　* **사 는 곳** 풀밭
* **월　　동** 알　　* **몸 길 이** 수컷 : 42~45mm, 암컷 : 60~65mm

풀무치

풀무치는 콩중이보다 가슴등판의
중앙선이 덜 융기되어 있다.

풀무치의 날개 등면은
쐐기모양의 평평한 부분이 있다.

풀무치는 풀밭이나 땅바닥에 있다가도 인기척이 나면 바로 나뭇가지 위로 날아오르는
특성이 있다.

144. 꼽등이 *Diestrammena apicalis*

메뚜기목
꼽등이과

제주도와 울릉도를 포함한 우리나라 전역에서 볼 수 있다. 국외로는 일본과 중국 등에 분포한다.

등이 꼽추처럼 굽었다 하여 꼽등이라 한다. 몸 색상은 어두운 흑갈색 또는 회갈색으로, 더듬이가 유난히 긴 것이 특징이다. 날개는 완전 퇴화되어 날지 못하나 뒷다리가 발달되어 높고 빠르게 점프할 수 있다. 그런가 하면 날개가 없고 다리에도 소리 내는 돌기가 없기 때문에 전혀 울지도 못한다.

습한 곳이나 어두운 곳에 주로 사는데, 화장실이나 하수구 등, 집 주위에서도 많이 볼 수 있다. 자연 상태에서는 동굴이나 낙엽, 덤불, 돌 틈 등에서 주로 서식한다. 특히 겨울에도 따뜻한 천연 동굴에서는 연 중 볼 수 있다. 성충은 6~10월 경 출현하는데, 주로 야간에 활동하며, 잡식성이다. 1년 중의 생활사는 불규칙하여 알 또는 성충으로 월동하기도 한다. 암컷은 10월에 산란관을 땅속에 삽입하고 산란한다.

---

* **출현시기** 6~10월   * **출현회수** 1회   * **사는 곳** 습하고 어두운 곳
* **월   동** 알 또는 성충   * **몸 길 이** 25mm 내외

꼽등이는 꼽추처럼 굽어서 지어진 이름이다.

꼽등이는 어둡고 습한 곳에 주로 살지만 숲 속에서는 밤에 활동한다.

145. 사마귀 *Tenodera angustipennis*

바퀴목
사마귀과

우리나라 전역에서 볼 수 있다. 국외로는 중국, 베트남, 일본 등지에 분포한다.

몸색은 녹색형과 갈색형이 있지만 상대적으로 녹색형이 더 많이 보인다. 더듬이는 비교적 긴 편이고 머리는 역삼각형으로 되어 있으며 눈은 양 끝에 붙어 있어서 사냥감을 정확히 포착하기에 적당하다. 특히 사마귀의 눈은 줌렌즈 기능이 있어 먹잇감과의 거리를 정확히 잴 수 있도록 진화되었다. 그런가하면 낮 동안에는 동공만 작은 점으로 보이지만 밤에는 전체가 검은색으로 변하는데 이 또한 특수한 기능이 있는 것으로 보인다.

긴 앞다리는 마치 낫 모양으로 생겼는데, 밑 마디의 바깥가두리에는 4개, 안가두리에는 17개 내외의 가시돌기가 있어 일단 잡힌 먹잇감은 좀처럼 빠져나가기 힘들게 되어 있다. 날개가 있어 날기도 하지만 멀리 날지는 못하며 대부분 기어 다닌다. 암컷은 수컷에 비해 크기도 클 뿐 아니라 특히 배가 크다.

---

* **출현시기** 9~11월   * **출현회수** 연 1회   * **사 는 곳** 풀숲
* **월   동** 알   * **몸 길 이** 60~82mm

사마귀
성질이 포악하며 절대로 물러서는 법이 없기 때문에 당랑거철(螳螂拒轍 : 사마귀가 수레를 막는다)이라는 고사성어까지 생겼다.

사마귀(갈색형)
왕사마귀에 비해 몸통이 가늘고 갸름하다.

사마귀(약충)
어린 약충이 꽃을 찾는 나비와 벌 등을 기다리고 있다.

146. 왕사마귀 *Tenodera aridifolia*

바퀴목
사마귀과

우리나라 전역에서 볼 수 있다. 국외로는 타이완, 일본 등지에 분포한다.

사마귀와 매우 흡사해서 구별하기 쉽지 않지만 일단 머리와 몸의 크기가 사마귀보다 훨씬 크다. 앞가슴은 넓적하고 단단하게 발달한 반면 더듬이는 오히려 사마귀보다 약간 짧은 편이다. 사마귀와 마찬가지로 녹색형과 갈색형이 있는데 역시 녹색형이 더 많이 나타난다. 속날개의 앞가두리는 질긴 혁질로 되어 있어 딱지날개 밖으로 나와 있다. 갈색형 사마귀에서도 속날개의 혁질부분 만큼은 녹색으로 되어 있다.

5월경부터는 월동한 알에서 1령 약충들이 나오기 시작하는데, 한꺼번에 100여마리가 낙하산 부대처럼 동시에 알집에서 쏟아져 내려온다. 알에서 부화된 유충들은 각자 흩어져서 개별행동을 하며 9월까지 약충기를 보낸다. 이 동안의 사마귀 약충들은 날개만 없을 뿐 성충과 동일한 먹이활동을 한다. 왕사마귀의 배에는 철사벌레(연가시)라는 기생충이 많이 기생하고 있다.

---

* **출현시기** 9~12월 * **출현회수** 연 1회 * **사 는 곳** 숲, 꽃밭
* **월   동** 알   * **몸 길 이** 70~95mm

왕사마귀
사마귀보다 몸집이 굵고
배가 크다.

밤에 짝짓기 하는 왕사마귀.
짝짓기를 마친 암컷은
수컷을 잡아 먹는다.

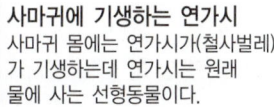

사마귀에 기생하는 연가시
사마귀 몸에는 연가시(철사벌레)
가 기생하는데 연가시는 원래
물에 사는 선형동물이다.

147. 좀사마귀 *Statilia maculata*

바퀴목
사마귀과

우리나라 전역에서 볼 수 있다. 국외로는 일본, 타이완 등지에 분포한다. 성충은 몸 길이가 60~82mm로서 사마귀보다 크기가 훨씬 작기 때문에 좀사마귀라 한다.

몸 색은 녹색형은 없으며 연갈색형과 흑갈색형이 있을 뿐이다. 몸은 가늘고 작지만 더듬이는 오히려 사마귀보다 긴 편이다. 날개는 끝이 둥그렇게 말려 있고 앞다리의 허벅마디 안쪽과 종아리마디의 안쪽에는 검고 뚜렷한 반점이 있는데, 마치 완장을 한 것처럼 보인다.

성충은 9월경부터 출현하는데, 약충은 5~6월경부터 알에서 깨어나 성장해 나간다. 성충과 약충은 모두 육식성으로서 먹이활동의 행태에는 아무런 차이가 없다. 다만 약충기에는 날개가 돋지 않아 날지 못할 뿐이다. 늦은 가을가지 활동하다 나뭇가지나 돌 표면에 알집을 만든다. 월동한 알은 이듬해 늦봄이나 초여름에 부화한다.

* **출현시기** 9~11월
* **출현회수** 연 1회
* **사 는 곳** 풀숲
* **월 동** 알
* **몸 길 이** 60~82mm

좀사마귀
좀사마귀는 갈색형이나 흑갈색형이 있지만 녹색형은 없다.

좀사마귀(약충) 약충은 날개만 없을 뿐, 먹이사냥술은 성충과 다를 게 없다.

좀사마귀는 앞다리 안쪽에 검은 띠가 특징이다.

148. 대벌레 *Baculum elongatum*

**대벌레목
대벌레과**

우리나라 전역에서 볼 수 있다. 국외로는 일본 등지에 분포한다. 몸통이 대나무처럼 곧게 일자로 뻗은 모습 때문에 대벌레라 한다. 우리나라에 서식하는 대벌레는 긴수염대벌레(*Phraortes illepidus*), 분홍날개대벌레(*Micadina phluctaenoides*), 대벌레 등 모두 3종이 알려져 있다. 산림의 활엽수 잎을 갉아먹기 때문에 해충으로 취급된다. 갈색형과 녹색형이 있는데, 분홍날개대벌레만 제외하고 모두 날개가 없다.

흔히 대벌레 수컷은 자연 상태에서 존재하지 않는다고 하나, 이는 대벌레가 단위생식(또는 처녀생식: 수컷 없이 새로운 개체를 만드는 생식방식)을 하기 때문이다. 그런가 하면 어느 해에는 많이 출현 했다가, 또 어느 해에는 거의 안 보이기도 하는 해거리가 심하다. 위협을 느끼면 죽은 척 하거나 아니면 땅으로 뛰어내리는 습성이 있다. 다리는 건드리면 쉽게 떨어져 나가는데, 이는 곧 다시 나오는 재생력을 갖기 때문이다.

---

* **출현시기** 5~10월　* **출현회수** 연 1회　* **사 는 곳** 활엽수림
* **월　　동** 알　　　　* **몸 길 이** 70~100mm

대벌레
나뭇잎을 건드리면 힘없이 뚝 떨어지는데, 그것이 바로 대벌레의 생존전략이다. 대벌레가 나무 목(木)자를 하고 있다.

대벌레(녹색형) 대벌레는 대량 발생하거나 또는 전혀 보이지 않는 해거리를 한다.

대벌레(갈색형) 갈색형은 녹색형에 비해 개체수가 적다.

149. 고마로브집게벌레 *Timomenus komarovi*

집게벌레목
집게벌레과

우리나라 중남부 지방에서 볼 수 있는 흔한 종이다. 국외로는 대마도와 타이완에 분포한다.

몸 색깔은 흑갈색이며 딱지날개(앞날개)는 적갈색이다. 더듬이와 집게도 약간 적갈색을 띤다. 집게는 가늘고 길게 생겼다. 날개는 퇴화된 듯 배 길이의 반 정도 밖에 안 되지만 실상 속 날개(뒷날개)는 여러 겹으로 접혀있어 다 펴면 몸길이만 하다. 이는 빈 틈바귀나 좁은 공간에서 서식하면서 민첩하게 방향전환을 해야 하는 집게벌레에게는 기능적으로 진화된 날개형태라 할 수 있다. 자주 날지는 않지만 먼 거리를 이동할 때는 가끔 나는 모습을 볼 수 있다.

성충은 3월부터 출현하여 11월 까지 볼 수 있는데, 성충으로 월동하기 때문에 겨울에도 따뜻한 장소에서는 활동하는 모습을 볼 수 있다. 보통은 돌 틈이나 나무껍질 속에서 월동하고 봄에 나온다. 식성은 잡식성으로 어린 새순이나 꽃가루도 먹지만 썩은 유기물질도 섭취한다.

---

* **출현시기** 3~11월 * **출현회수** 연 수회 * **사 는 곳** 돌 틈, 나무껍질 속
* **월   동** 성충 * **몸 길 이** 15~23mm

고마로브집게벌레 작은딱지날개 속에는 속날개가 여러 겹으로 접혀서 숨겨져 있다.

고마로브집게벌레는 위협을 느끼면 배끝을 위로 쳐들고 공격자세를 취한다.
집게 끝부분에는 독액을 품는 가는 구멍이 뚫려 있다.

150. 못뽑이집게벌레 *Forficula scudderi*

집게벌레목
집게벌레과

집게의 생김새가 마치 장도리처럼 생겼다 하여 붙여진 이름이다. 우리나라 전역에서 볼 수 있다. 국외로는 일본, 중국 등에 분포한다.

몸 색깔은 적갈색이며 검정색이 부분적으로 돋아나 있다. 개체에 따라서는 흑갈색을 띠는 것도 있다. 다리와 가슴 양 옆은 황백색이다. 배는 아랫부분이 유난히 불룩하게 부풀어 있다. 암컷의 집게는 가늘고 길게 생긴 반면 수컷의 집게는 굵고 짧게 생겼는데, 특히 수컷의 집게는 병따개처럼 생겼다. 집게의 끝에는 가는 구멍이 뚫려 있어 상대를 공격할 때 독액을 뿜어낸다. 이 독은 사람이 물렸을 경우 며칠 씩 고생할 정도로 가렵고 따갑다.

성충은 3월말부터 출현하여 11월초까지 활동하는데, 주로 산과 들의 나무나 돌 틈 등에 숨어 지내다가 밤에 나타난다. 뿐만 아니라 민가 주변이나 도시의 제방 근처 등에 살며 겨울에는 따뜻한 주택 안으로 침입하여 겨울을 나기도 한다.

---

* 출현시기 3~11월   * 출현회수 연 1회   * 사 는 곳 돌 틈, 나무껍질 속
* 월   동 성충   * 몸 길 이 22~35mm

못뽑이집게벌레
집게모양의 병따개처럼 생겼다.

이른 봄에 보이는
개체는 월동개체이다.

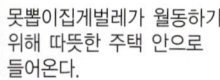

못뽑이집게벌레가 월동하기
위해 따뜻한 주택 안으로
들어온다.

151. 양봉꿀벌 *Apis mellifera*

벌목 꿀벌과

우리나라 전역에서 볼 수 있다. 이 종은 전 세계에 분포하는 것으로서 가장 서식 범위가 넓은 곤충 중 하나이다. 우리나라 양봉의 역사는 약 2,000년 전으로 거슬러 올라가지만, 오늘날의 양봉은 이탈리아 종이 퍼진 것으로 알려져 있다.

몸 색은 머리와 가슴은 흑갈색이다. 배 역시 흑갈색 바탕에 제 1, 2마디가 적갈색을 띠는데, 약간 투명한 빛이 돈다. 수벌은 일벌보다 크고, 여왕벌은 수벌이나 일벌보다도 배의 길이가 더 길다. 특히 여왕벌은 배의 색깔이 마디무늬 없는 흑갈색을 띠기 때문에 쉽게 구별이 된다. 여왕벌의 더듬이와 머리 방패는 황갈색이다.

꿀벌은 사회성 곤충의 대표적인 종이다. 모여 살고 서로 협동하며 의사소통까지 하는 것으로 알려지고 있다. 각종 꽃으로부터 꿀을 받아오기 때문에 예로부터 사람들에 의해 길러져 왔다. 추위에 매우 약하며 말벌들에 의해 공격을 당하기도 한다.

---

* **출현시기** 3~10월
* **출현회수** 연 1회
* **사 는 곳** 야산, 들판. 민가
* **월　　동** 성충
* **몸 길 이** 12mm

양봉꿀벌 꽃의 꿀을 빨고 있다. 각종 꽃으로부터 꿀을 받아오기 때문에 예로부터 사람들에 의해 길러져 왔다. 추위에 매우 약하다.

뒷다리에 묻혀온 화분덩이가 하트 모양이다.

152. 토종꿀벌 *Apis cerana*

벌목 꿀벌과

우리나라 어디서나 볼 수 있다. 국외로는 일본, 중국 및 동남아시아 등지에 분포한다. 원산지는 인도이다.

몸 색은 전체적으로 흑갈색을 띠는데, 지역에 따라 더 짙은 색을 보이는 것 등 변이가 크다. 몸 전체에 털이 많은 편이며 특히 겹눈에도 털이 나 있다. 배의 띠무늬는 네 마디로 양봉 꿀에 비해 가늘고 선명하다. 날개는 투명하고 뒷날개의 맥은 양봉 꿀벌에 비해 시맥이 짧다.

봉군은 여왕벌 1마리에 수천 마리의 일벌과 수천 마리의 수벌로 이루어진다. 무정란에서 우화한 벌은 수벌이 되며 수정란에 나온 벌은 일벌이 되는데 일벌은 모두 암컷이다. 여왕벌은 일생에 단 한 번의 교미로 500~800만 개의 정액세포를 수벌에서 받아 저장낭에 저장하였다가 죽을 때 까지 150만개 정도의 알을 낳는다. 토종벌은 성질이 온순하여 양봉꿀벌에게도 피해를 입기 때문에 특히 영역에 민감하다. 행동반경은 약 10km 정도이다. 성충으로 월동하는데 추위가 심한 겨울에는 개체수가 많이 줄어든다.

---

* **출현시기** 3~10월   * **출현회수** 연 수회   * **사 는 곳** 깊은산, 농가
* **월   동** 성충   * **몸 길 이** 10~111mm

토종꿀벌 도라지 꽃의 꿀을 빨고 있다.

벌통에 모인 토종꿀벌들. 몸전체가 흑색인 개체가 여왕벌이다.

토종꿀벌의 벌통은 주로 바위틈이나 벼랑에 설치한다.

153. 어리호박벌 *Xylocopa appendiculata circumvolans*

벌목 꿀벌과

우리나라 전역에서 볼 수 있다. 국외로는 일본에 분포한다.

몸의 형태는 굵고 넓적하며 통통한 편이다. 몸 색은 검정 바탕에 가슴 등판과 가운데 가슴 옆면에 황색 털 뭉치가 발달하였다. 특히 머리와 가슴 아랫면, 배 아랫면, 다리 등에는 흑갈색의 긴 털이 발달하였으나 배 등판은 짙은 검정색으로 잔털만 있고 광택은 없다. 날개는 흑갈색으로 끝부분이 더 짙으며 광택이 없다.

성충은 4~5월경 년 1회 출현하는데 날개 소리가 커서 붕~붕 거리며 난다. 주로 호박꽃을 좋아하여 호박벌이라 하지만 여러 가지 꽃을 가리지 않고 다양하게 찾는다. 산에서는 넓게 트인 곳에서 정지 비행을 하며 점유활동을 강하게 벌인다. 짝짓기를 마친 암컷은 흙벽이나 나무 속에 구멍을 내어 유충을 기른다.

어리호박벌은 몸집이 커서 작은 꽃 속으로는 들어가지 못하기 때문에 꽃통 바깥에서 빨대를 찔러 꿀을 빼먹기도 한다. 이처럼 어리호박벌은 꽃을 수정시키지 않고 꿀만 가져가기 때문에 '꿀도둑'이라고도 한다.

---

* **출현시기** 4~5월　* **출현회수** 연 1회　* **사 는 곳** 야산, 토벽
* **월　　동** 애벌레　* **몸 길 이** 20~24mm

어리호박벌 철쭉 꽃의 꿀을 빨고 있다.

어리호박벌이 꽃통 바깥에서 빨대를 찔러 꿀을 빨고 있다.

어리호박벌이 정지비행을 하며 점유활동을 벌이고 있다.

154. 애기나나니 *Ammophila campotris*

벌목 구멍벌과

우리나라 전역에서 볼 수 있다. 국외로는 시베리아, 북중국, 몽고, 유럽, 북아프리카 등에 널리 분포한다.

몸 색은 전체적으로 흑색이며 배 자루의 제 2, 제 3마디만이 붉은 적갈색을 띤다. 머리와 더듬이, 다리는 모두 검은색인데, 머리는 광택이 있다. 생김새는 가늘고 긴 모양으로서 머리는 모난 사각형에 가까우며 배는 가늘고 긴 모양을 한다. 특히 배자루가 몹시 가늘고 배 끝은 뭉툭하여 전체가 곤봉형을 이룬다. 날개는 투명하고 길이는 짧아서 배 자루를 다 덮지 못한다.

성충은 5월경 출현하여 초가을까지 활동하는데 주로 작은 꽃들의 꿀을 빤다. 암컷은 땅속에 구멍을 파고 나방류의 애벌레를 사냥하여 밀어 넣은 뒤, 그곳에 알을 낳고 구멍을 막는 생태적 습성이 있다. 깨어난 알은 나방의 애벌레를 먹고 자란 뒤 성충이 되어 땅 밖으로 나온다.

---

* **출현시기** 5~6월
* **출현회수** 연 1회
* **사 는 곳** 등산로 주변, 산지, 초지
* **월   동** 애벌레
* **몸 길 이** 15mm

애기나나니
기린초 꽃을 찾았다.
배자루 몹시 가늘고 배 끝은 뭉툭하여 전체가 곤봉형이다.

애기나나니가 숙주가 될 나방애벌레를 잡아가고 있다.

암컷은 땅 속에 구멍을 파고 나방류 애벌레를 잡아넣은 뒤 알을 낳고 덮는다.

155. 호리병벌 *Oreumenes decoratus*

벌목
호리병벌과

우리나라 전역에서 볼 수 있다. 국외로는 일본, 중국 타이완 등지에 분포한다. 허리가 가늘고 배가 유난히 볼록 튀어 나온 모습이 마치 호리병처럼 생겼다 하여 붙여진 이름이다.

장수말벌 다음으로 큰 대형 종에 속하며, 호리병벌과 중에서는 가장 큰 종이다. 몸 색깔은 전체적으로 검은색 바탕에 머리방패와 등줄무늬, 배 중간마디에 짙은 황갈색의 띠무늬가 선명하다. 다리는 흑갈색이며 넓적마디 끝은 약간 황갈색이다. 날개는 전체적으로 고른 황갈색이다.

성충은 6월경에 출현하여 10월 말까지 활동하는데, 주로 산지나 산지 주변의 인가 근처에서 볼 수 있다. 암컷은 땅 속이나 돌 표면에 진흙으로 항아리를 만들고 그 속에 숙주가 될 나방의 애벌레를 잡아넣는다. 잡은 애벌레는 완전히 죽이지 않고 마취만 시킨 상태에서 몸에 알을 낳아 새끼를 기른다. 호리병처럼 생긴 집은 한 자리에 한 개 또는 여러 개를 뭉쳐 만들기도 한다. 애벌레로 월동한다.

---

* **출현시기** 6~10월   * **출현회수** 연 1회   * **사 는 곳** 산지 또는 공원
* **월   동** 애벌레   * **몸 길 이** 25~30mm

호리병벌(암컷) 숙주가 될 나방의 애벌레를 잡아가고 있다.

호리병벌이 그늘진 모래땅 속 항아리집에 알을 낳고 있다.

짝짓기를 하는 호리병벌.

호리병 모양의 호리병벌집

156. 줄무늬감탕벌 *Orancistrocerus drewseni*

벌목
호리병벌과

전국 어디서나 볼 수 있다. 국외로는 일본, 중국 등지에 분포한다. 몸 색은 검정색 바탕에 배의 제 1, 2 마디 끝에 오렌지색의 줄무늬가 있다. 수컷은 몸길이가 11~13mm 정도이고 암컷은 12~17mm 정도로 훨씬 크지만 암 수의 생김새는 크게 차이가 없다. 더듬이의 마지막 마디는 갈고리 모양을 하며, 가운데 다리와 뒷다리의 넓적마디는 적갈색을 띤다.

감탕벌 암컷은 대나무 통이나 돌 틈 속에 진흙으로 칸칸이 요람을 만들고는 나방의 애벌레를 잡아넣고 그 속에 알을 낳는다. 집을 짓는 재료는 물이 고인 땅의 흙을 물어 오거나 마른 황토벽의 흙을 침을 묻여 떼어낸다. 숙주로는 주로 명나방이나 잎말이나방 등의 애벌레가 사용되는데, 초가을 까지 나방의 애벌레 몸속에서 성장한 감탕벌의 유충은 그대로 겨울을 난 뒤 봄에 성충이 된다. 성충은 한 여름 동안 2~3 세대를 지내는 것으로 알려져 있다.

---

* **출현시기** 6~11월
* **출현회수** 연 2~3회
* **사 는 곳** 숲 또는 민가의 돌 틈
* **월 동** 애벌레
* **몸 길 이** 11~17mm

줄무늬감탕벌
줄무늬가 오렌지색을 띤다.

줄무늬감탕벌과 비슷한 황슭감탕벌
(*Anterhynchium flavomarginatum*)은
무늬가 훨씬 밝은 노란색을 띠며
앞가슴 가장자리에 끊긴
황색 줄이 있어 구별된다.

줄무늬감탕벌이 벽돌 줄눈 속의 집으로
들어가고 있다.

157. 뱀허물쌍살벌 *Parapolybia varia*

벌목
말벌과

전국 어디서나 볼 수 있다. 국외로는 일본, 중국, 동남아시아에 널리 분포한다. 길게 늘어선 벌집의 모양이 마치 허물 벗은 뱀껍질처럼 생겼다 해서 붙여진 이름이다.

몸 색은 암갈색 또는 적갈색 바탕에 노란색의 호랑무늬가 조각조각 어지럽고 복잡하게 나 있다. 머리와 가슴에는 가는 황색 줄무늬가 있는데, 가슴 등판에 새겨진 한 쌍의 세로 줄이 특징적이다. 다리마디는 모두 밝은 황색이며 날개는 황갈색이다.

사회성 벌로서 군집생활을 하는데, 나뭇가지나 나무줄기에 기다란 집을 짓는다. 벌집의 길이는 군집의 크기에 따라 다르며 작게는 20~30cm부터 큰 것은 70~80m 짜리도 있다. 우리나라에는 모두 7종류의 쌍살벌이 있으며, 그중에 뱀허물쌍살벌은 뱀허물쌍살벌과 큰뱀허물쌍살벌(*Parapolybia indica*) 두 종류가 있다.

쌍살벌류는 애벌레를 키우는데 꿀을 모아 기르는 것이 아니라 나방이나 나비의 애벌레를 잡아다 먹이로 주는 특성이 있다. 쌍살벌들에게 가장 큰 천적은 꼬마장수말벌(*Vespa ducalis*)로서, 한번 발견되면 애벌레만 몇 마리씩 지속적으로 잡아간다.

---

* **출현시기** 4~9월 * **출현회수** 연 1회 * **사 는 곳** 숲, 야산
* **월   동** 성충(여왕벌) * **몸 길 이** 10~22mm

뱀허물쌍살벌의 집은 나뭇가지에 늘여뜨려 짖기도 하지만 노거수의 줄기에 붙여 짓는 경우도 있다. 완성된 벌집은 마치 뱀허물을 걸어놓은 것처럼 생겼다.

물을 먹으러 온 뱀허물쌍살벌.

알을 낳는 뱀허물쌍살벌(암벌). 이들은 꿀로 애벌레를 키우는 것이 아니라 나비목 곤충의 유충을 잡아다 먹이로 준다.

158. 장수말벌 *Vespa mandarinia*

벌목 말벌과

전국 어디서나 볼 수 있다. 국외로는 극동아시아는 물론 유럽까지 널리 분포한다. 우리나라에 서식하는 벌 중에서 가장 큰 대형종이다.

몸 색은 갈색 또는 황갈색과 검정색이 섞여 있다. 가슴 등판은 흑색이며 배는 검정색과 황갈색이 교대로 띠를 이루는데, 황갈색의 털이 성글게 돋아 있다. 일벌의 머리와 가슴은 흑색이며 암컷은 황갈색 털이 발달하였다. 날개는 투명하지만 갈색이며, 더듬이는 흑갈색으로 자루는 짧다. 특히 머리 부분은 단단한 각질로 되어 있으며 광택이 난다.

성충은 4월경에 출현하여 10월까지 활동하는데, 주로 산지에 살면서 농가 주택의 처마 등에 집을 짓고 산다. 최근에는 도심의 주택가에도 많이 출현하고 있는 추세이다. 성질이 사나워서 꿀벌 집을 습격하여 양봉 농가에 피해를 끼치는가 하면 등산이나 벌초를 하다 장수말벌에 쏘여 목숨을 잃는 경우도 많다. 봉군은 가을에 해체되며, 짝짓기를 마친 암벌은 고목의 빈틈에서 월동한다.

---

* **출현시기** 4~10월　　* **출현회수** 연 1회　　* **사 는 곳** 산, 숲
* **월　　동** 성충　　* **몸 길 이** 37~44mm

장수말벌 우리나라에 서식하는 벌 중에서 가장 큰 대형 종이다.

사냥감을 물어온 장수말벌이 한적한 곳에서 식사를 즐기고 있다.

장수말벌의 얼굴.

159. 일본왕개미 *Camponotus japonicus*

벌목 개미과

전국 어디서나 볼 수 있으며 우리나라에서 서식하는 개미 가운데 가장 큰 종이다. 국외로는 일본, 타이완, 시베리아와 동남아시아에 널리 분포한다.

몸 색은 짙은 검은색이며 배의 윗면에는 금색의 털이 나 있어 다른 개미와 쉽게 구별된다. 날개는 투명한 갈색이며 날개 맥은 진한 갈색이다. 여왕개미의 몸은 흑색이고 가슴과 배에는 갈색 털들이 많이 나 있다. 일개미의 경우도 몸은 전체적으로 검은색이지만 다리와 턱 끝은 진한 갈색을 띠기도 한다.

성충은 3월부터 출현하여 10월까지 활동하는데, 주로 낮에 활동하지만 여름철에는 밤에도 활동한다. 여왕개미를 중심으로 수천마리의 일개미가 함께 군집체를 이루고 사는 사회성 곤충으로서 산과 들은 물론 정원과 공원, 운동장 등 다양한 지역에서 산다. 특히 인가 주변과 경작지에 서식하면서 진딧물을 길러 당분을 섭취하기 때문에 화초와 농작물에 간접적으로 해를 끼친다.

---
* **출현시기** 3~10월　　　　　　　＊**출현회수** 연 수회
* **사 는 곳** 산지, 운동장 등의 땅 속　　＊**월　　동** 성충
* **몸 길 이** 일개미 6~15mm, 여왕개미 약 18mm, 수개미 약 12mm

일본왕개미 날개는 투명한 갈색이고 날개맥은 진한 갈색이다.
여왕개미는 5~6월경 맑은날 오전에 짝짓기를 한다.

일본왕개미의 집 입구를 병정개미들이 지키고 있다.

더듬이를 다듬고 있는 일본왕개미.

160. 가시개미 *Polyrhachis lamellidens*

벌목 개미과

우리나라 중남부 와 제주도에서 볼 수 있으며, 국외로는 일본, 중국, 타이완에 분포한다.

몸 형태는 머리와 배가 둥글고 가슴이 일자형으로 생겨 마치 아령처럼 생겼다. 몸 색은 광택이 심한 검정색이고 가슴과 배 자루마디는 광택이 없는 적갈색이다. 가슴에 세 쌍, 배자루마디에 한 쌍의 날카로운 가시돌기나 나 있다.

성충은 4월경부터 출현하여 10월까지 활동하는데 주로 산지의 썩은 나무속에 많이 산다. 이들은 왕개미나 곰개미 집단에 기생하는 것으로 알려져 있는데, 9~11월 사이에 결혼비행을 끝낸 신 여왕개미는 왕개미의 군체(콜로니) 속으로 침투하여 왕개미 집단의 일개미들이 자신을 물게 한다. 이 때 가시개미 여왕은 왕개미의 페로몬을 복사하여 그들로 하여금 같은 일원으로 여겨지게 한다. 그 후 가시개미 여왕은 왕개미의 여왕을 죽이고 자신이 여왕행세를 하며 자식을 번식시키는 것으로 알려져 있다. 움직임이 매우 빠른 종이다.

---

* **출현시기** 4~10월　* **출현회수** 연 수회　* **사 는 곳** 썩은 참나무 속
* **월　　동** 성충　* **몸 길 이** 6~8mm

가시개미 썩은 참나무 속에서 살며, 가슴과 배자루마디에 한 쌍의 날카로운 가시돌기가 돋아 있다.

가시개미는 잠시도 쉬지 않고 빠르게 움직인다.

161. 아이노각다귀 *Tipula (Yamatotipula) aino*

파리목 각다귀과

우리나라 전역에서 볼 수 있다. 국외로는 일본, 중국 등지에 분포한다. 일반인들에게는 각다귀(Tipulidae 각다귀과(科))와 깔따구(Chironomidae 깔따구과(科))가 혼돈스럽겠지만 이 둘은 전혀 서로 다른 그룹이다. 생김새는 깔따구가 더 모기와 닮았다.

몸은 전체적으로 회갈색으로서 군데군데 적갈색이 돌아 보인다. 날개는 한 쌍이고 투명하다. 다리는 몸길이보다 길고 쉽게 부러진다.

성충은 년 1회 출현하는데 4월부터 7월까지 활동한다. 알에서 깬 유충은 구더기와 비슷한 모습이다. 식성은 초식성으로 벼나 물 속 식물의 잎, 줄기, 뿌리나 낙엽 등을 먹으며 자라는데, 다 자란 유충은 물에서 흙으로 이동하여 번데기 방을 만들고 용화한다. 각다귀의 천적은 곤충을 으깨서 애벌레의 먹이로 삼는 쌍살벌류(Polistinae 쌍살벌아과(亞科))이다.

---

* **출현시기** 4~7월
* **출현횟수** 연 1회
* **사 는 곳** 논, 계곡
* **월   동** 유충
* **몸 길 이** 14~18mm

아이노각다귀 날개는 한 쌍이고 투명하며, 다리는 몸길이보다 길고 쉽게 부러진다.

교미 중인 아이노각다귀.

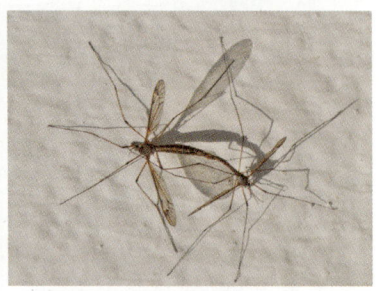

각다귀류는 숲 속에서 뿐만 아니라 건물 안으로도 잘 들어온다.

162. 잠자리각다귀 *Pedicia daimio*

파리목 각다귀과

우리나라 전역에서 볼 수 있다. 국외로는 일본에 분포한다.

우리나라에 서식하는 파리목 곤충 중에서는 제법 큰 대형이다. 몸 색은 흑갈색이며 날개에 황갈색의 무늬가 있다. 수컷은 배 끝이 뾰족하게 생겼고 암컷은 수컷보다 크기가 약간 작으면서 배 끝이 뭉뚝하게 생겼다. 다리는 모두 몸길이 보다 길고 비교적 굵은 편이나 건드리면 쉽게 떨어져 나간다. 그러나 그것은 각다귀류의 공통된 생존전략으로 여겨진다. 머리는 마치 모기를 확대한 것 같이 생겼다.

성충은 년 1회 출현하는데 4월말 경에 출현하여 7월까지 활동한다. 야산이나 산지의 계곡 주변에서 볼 수 있다. 저녁에는 불빛에 날아들거나 건물 안으로 들어와 벽에 붙어 있는 경우가 많다. 생김새는 비록 대형 모기처럼 생겼지만 사람의 피를 빨지는 않는다. 교미를 마친 암컷은 계곡의 흐르는 물에 알을 낳는다.

---

* **출현시기** 4~7월
* **출현회수** 연 1회
* **사 는 곳** 산지의 계곡주변
* **월 동** 유충
* **몸 길 이** 24~35mm

잠자리각다귀(암컷)
개울에 산란을 마친 암컷이 산수유 나뭇가지에 붙어 있다.

잠자리각다귀는 낮에는 보통 건물의 벽에 잘 붙어 있다.

163. 빌로오드재니등에 *Bombylius major* 파리목 재니등에과

우리나라 전역에서 볼 수 있다. 국외로는 일본, 유럽, 북아프리카 등지에 널리 분포한다. 빌로오도(veludo)란 털의 결이 짧고 매우 부드러운 천으로서 벨벳(velvet) 또는 우단(羽緞)의 다른 이름이다.

몸 색은 갈색으로서 전체가 담황색의 짧고 고운 털로 덮여 있다. 1쌍의 날개는 물결무늬로 윗부분과 아래 부분이 나뉘는데, 윗부분은 흑갈색으로 반투명한 반면, 색이 옅은 아랫부분은 투명하다. 긴 빨대가 있어 꿀을 빨기에 적당하지만, 나비처럼 빨대가 말리지는 않는다. 다리는 가늘고 길어서 몸을 꽃잎에 지탱하기 쉽게 되어 있다.

성충은 년 2회 출현하는데 4월부터 출현하여 10월까지 활동한다. 따뜻한 지방에서는 11월까지도 관찰이 가능하다. 정지비행을 할 수 있기 때문에 꽃에 앉지 않고도 꿀을 빨 수 있을 뿐 아니라 천적으로부터의 위험도 줄일 수 있다. 짝짓기는 암 수가 서로 배 끝을 맞댄 상태로 이루어진다.

---

* **출현시기** 4~11월 * **출현회수** 연 2회 * **사 는 곳** 산지, 꽃밭
* **월　　동** 유충 * **몸 길 이** 8~11mm

빌로오드재니등에
몸 전체가 짧고 고운 털로 덮여 있다.

빌로오드재니등에 빨대는
나비처럼 말리지 않고
항상 뻗어 있다.

부지런한 빌로오드재니등에가
돌에 붙어 잠시 날개를 쉬고 있다.

164. 검정우단재니등에 *Anthrax distigma* 파리목 재니등에과

우리나라 각지에서 볼 수 있다. 국외로는 일본 등에 분포한다.

몸 색은 검정색으로 짧고 검은 털이 촘촘히 나 있다. 날개는 길고 막질로 되어 있는데, 기부에서 날개길이의 반 정도는 검정색이고 나머지 반은 투명하면서도 약간 어두운 편이다. 이점이 바로 유사종인 탕재니등에(*Anthrax jezoensis*)와의 차이점인데, 탕재니등에는 날개가 수평 방향으로 반분되어 색이 나뉜다.

성충은 5월부터 출현하여 8월까지 활동하는데, 흰색이나 노란색 꽃에 주로 모이며 긴 주둥이로 꽃 속의 꿀을 빤다. 높게 날지 않으며 기린초나 민들레 등 키 작은 꽃 주변에서 정지비행을 하면서 흡밀한다. 유충은 장미가위벌(*Megachile nipponica*)이나 왕가위벌(*Chalicodoma sculpturalis*) 등 가위벌류의 번데기에 기생하는 것으로 알려져 있다. 성충으로 월동 한 뒤 이른 봄부터 활동을 시작한다.

---

* **출현시기** 5~8월
* **출현회수** 연 2회
* **사 는 곳** 야산, 들
* **월　　동** 성충
* **몸 길 이** 9~15mm

검정우단재니등에 몸은 검정색이고 날개의 반절 정도는 짙은 검정색이다. 기린초나 민들레 등 키 작은 꽃을 찾는다.

165. 쟈바꽃등에 *Allograpta javana*

파리목
꽃등에과

우리나라 전역에서 볼 수 있다. 국외로는 일본, 중국, 타이완을 비롯하여 유럽까지 널리 분포한다.

몸은 가늘고 배가 긴 것이 특징이다. 몸 색은 검은 바탕에 노란색의 띠무늬가 굵고 선명하다. 머리는 옆으로 길게 생겼고, 겹눈은 크고 적갈색을 띠며, 이마는 황회색이다. 가슴등판은 길고 볼록 튀어 나왔는데 흑갈색을 띤다.

성충은 4월에 출현하여 10월까지 활동하는데 민들레 같은 키 작은 꽃 뿐아니라 과수원의 꽃들을 찾기 때문에 이른 봄 과수농가에게는 귀중한 화분매개곤충이다. 그런가 하면 유충은 사과나무나 배나무 잎을 흡즙하는 면충(*Family Pemphigidae* 면충과)이나 진딧물을 잡아먹는 익충이기 때문에 최근에는 생물방제용 천적곤충으로 각광을 받고 있다. 과수원에 활용할 마땅한 천적군이 없는 우리나라에서는 향후 유용한 생물자원이 될 것으로 보인다.

---

* **출현시기** 4~10월
* **출현회수** 연 2회
* **사 는 곳** 들, 산지
* **월   동** 성충
* **몸 길 이** 8~11mm

쟈바꽃등에 몸 색은 검은바탕에 노란색 띠무늬가 굵고 선명하다.

꽃등에류는 민들레처럼 키 작은 꽃에 잘 날아든다.

166. 뒤영(뒤병)기생파리 *Tachina (Servillia) jakovlewii*

파리목 기생파리과

우리나라 전역에서 볼 수 있다. 국외로는 일본, 중국 등에 분포한다. 원래 이름은 '뒤영기생파리'였으나 학문적 오류로 인해 현재 곤충명집에는 '뒤병기생파리'로 되어 있다.

몸 색은 전체적으로 황갈색이며 배에는 검은 색의 띠무늬가 배마디를 따라 4줄 나 있다. 가슴등판은 옅은 황갈색 바탕에 흑갈색의 센털(剛毛)이 나있고, 배에도 흑갈색의 강모가 총총히 나있다. 암컷은 이마가 겹눈의 폭과 같지만 수컷은 암컷에 비해 이마의 폭이 약간 좁은 편이다. 겹눈에는 털이 나 있지 않은 반면, 이마 양옆에는 2줄의 센털이 있다.

성충은 년 1회 출현하는데 주로 9~11월 사이에 산과 들의 꽃에서 볼 수 있다. 성충으로 월동한 후 이른 봄에 짝짓기 한다. 기생파리류(Tachinidae)는 다른 곤충에 기생하여 번식하는 생태적 특성을 갖는데 숙주로는 주로 딱정벌레와 노린재, 매미, 나비애벌레들이 대상이다. 일단 기생당한 유충은 기생파리 애벌레가 번데기가 될 때 비로소 몸의 양분이 다 빨려서 죽게 된다.

---

* **출현시기** 9~11월　* **출현회수** 연 1회　* **사 는 곳** 산과 들
* **월　　동** 유충　* **몸 길 이** 10~18mm

뒤영(뒤병)기생파리 가슴등판과 배에는 흑갈색의 강모가 총총하게 나있다.

뒤영(뒤병)기생파리의 배에는 검은색 띠무늬가 4줄 나있다.

뒤영(뒤병)기생파리의 성충은 주로 꽃에서 볼 수 있다.

167. 금파리 *Lucilia caesa*

파리목 검정파리과

우리나라 전역에서 볼 수 있는 흔한 종이다. 국외로는 일본, 타이완, 중국 뿐만 아니라 인도, 유럽 북아메리카, 호주, 뉴질랜드 등 전 세계에 널리 분포하는 종이다.

몸 색깔은 가슴과 배 모두 금속성 광택이 나는 녹색을 띤다. 겹눈은 적갈색이고 서로 붙어 있다. 더듬이는 흑갈색인데, 셋째 마디가 가장 길어 둘째마디의 3배 이상이나 된다. 날개는 투명하고 맥은 갈색이며 다리는 검정색이다.

어른벌레는 4월부터 출현하여 11월까지 활동하는데, 인가는 물론, 산과 들에도 광범위하게 서식한다. 주로 사람과 짐승의 배설물에 모여들고 암컷은 그곳에 알을 낳기 때문에 이 종을 똥파리로 잘못 알고 있는 경우가 많으나 똥파리(*Scathophaga stercoraria*)와는 전혀 다른 종이다. 이들 금파리속(*Lucilia*)의 종들은 사람이나 동물의 귀나 코 등에 알을 낳을 경우 구더기가 뇌 조직 속으로 파고 들어가 갉아먹는 치명적인 승저증(또는 구더기증)을 일으키는 위생 곤충이다.

---

* **출현시기** 4~11월　* **출현회수** 연 수회　* **사 는 곳** 산과 들
* **월　동** 알　* **몸길이** 9~10mm

금파리 사람과 짐승의 배설물에 주로 모이지만 꽃을 찾기도 한다.

금파리는 동물의 배설물에 모인다.

168. 검정볼기쉬파리 *Helicophagella melanura*

파리목
쉬파리과

우리나라 어디서나 볼 수 있다. 국외로는 전 세계에 고루 분포하는 종이다.

몸 색은 회색바탕에 검은 줄무늬와 체크무늬가 섞여 있다. 가슴의 등판은 회색이며 검은색의 세로줄무늬가 3개 뻗어 있다. 배 등면 역시 회색 바탕에 검정색 가루가 규칙적으로 배열되어 마치 바둑판 모양의 무늬를 이루고 있다. 겹눈은 적갈색으로 팥알같이 생겼으며, 얼굴과 뺨은 금빛 비늘로 덮였다. 뒷날개는 퇴화되어 평균곤만 남아 있는데 이는 모든 파리류의 공통적인 특징이다.

썩은 고기나 사람과 동물의 배설물에 '쉬'를 스는데, '쉬'란 알이 아니라 구더기를 뜻한다. 쉬파리류는 난태생을 하기 때문에 다른 파리와는 다르게 어미 뱃속에서 이미 알이 깨어 구더기로 낳는 생태특성이 있다. 성충은 4월에서 10월까지 볼 수 있으며 주로 낮에 활동하고, 집 주위와 산, 들의 쓰레기나 더러운 오물 뿐 아니라 꽃에도 모인다. 전염성 박테리아를 매개하는 위생해충이다.

---

* **출현시기** 4~10월 * **출현회수** 연 수회 * **사 는 곳** 쓰레기장, 야산
* **월   동** 성충 * **몸 길 이** 6~19mm

검정볼기쉬파리

쓰레기나 더러운 오물 뿐 아니라
꽃에도 모인다.
배 등면은 회색 바탕에 검정색 가루가
규칙적으로 배열되어 마치 체스판 모양의
무늬를 이룬다.

월동 전의 검정볼기쉬파리 성충.

검정볼기쉬파리의 뒤태.

169. 날개알락파리 *Prosthiochaeta bifasciata* 파리목 알락파리과

우리나라 중남부 지방에서만 볼 수 있는 한반도 고유종이다. 우리나라 고유종임에도 불구하고 1987년도에 일본학자에 의해 처음 학계에 보고되었다.

몸 색은 가슴과 배, 다리가 모두 검정색이지만 머리는 적황색이다. 머리의 생김새는 매우 특이하게 생겼는데, 입이 앞으로 뾰족하게 튀어 나와 괴물처럼 생겼다. 날개는 길고, 배는 둥그렇고 광택이 나며 끝이 짧다. 배 아랫면은 끝이 흰색이며 두 덩어리로 나뉘어 있다.

성충은 5월 중순부터 출현하여 늦은 가을까지 활동한다. 보통의 파리류처럼 짐승의 배설물에 잘 모이지만, 가로수나 풀잎에도 즐겨찾는다. 정확한 생태정보는 아직 잘 알려져 있지 않다.

---

* **출현시기** 5~6월
* **출현회수** 연 1회
* **사 는 곳** 가로수변이나 야산
* **월   동** 번데기
* **몸 길 이** 10mm

날개알락파리 우리나라 고유 종이다.

날개알락파리의
가슴과 배, 다리는
모두 검정색이고
머리는 적황색이다.

짐승의 배설물에 모인 날개알락파리.

날개알락파리 얼굴은 방독면을 쓴 것처럼
특이하게 생겼다.

170. 왕파리매 *Cophinopoda chinensis*

**파리목
파리매과**

우리나라 전역에서 볼 수 있다. 국외로는 일본, 중국, 타이완, 인도 등지에 분포한다.

몸 색깔은 황갈색 또는 적갈색인데 가슴부위는 흑갈색이다. 가슴은 머리와 배에 비해 위로 유난히 볼록하게 돌출하였으며, 등판에는 검고 굵은 세로줄 무늬가 있다. 겹눈은 크고 서로 인접하여 있는데 광선의 각도에 따라 녹색 기운이 짙게 나타난다. 더듬이는 검은색으로 앞에서 보면 Y자 형상으로 생겼으며, 양 끝은 짧고 뾰족하다. 다리는 굵고 강하며 넙적마디는 검은색이고 종아리마디는 황갈색이다. 배는 황갈색이고 털은 없지만 마디의 굴곡이 심하다. 배 끝은 검고 가는 꼭지처럼 경화되어 있다.

성충은 연 1회 출현하는데, 7~8월에 산이나 들, 강가의 풀밭 등지에서 볼 수 있다. 식성은 포식성으로서 벌은 물론 노린재, 딱정벌레, 심지어 잠자리까지 거의 모든 곤충들의 천적이다. 암컷은 나뭇잎 뒷면에 사마귀알집처럼 흰색거품으로 난괴를 만들며, 이곳에서 부화한 유충은 가는 구더기상으로 땅에 떨어져 바로 땅속으로 파고 들어간다.

* **출현시기** 7~8월　* **출현회수** 연 1회　* **사 는 곳** 산지, 숲, 강가
* **월　　동** 애벌레　* **몸 길 이** 20~28mm

왕파리매 겹눈은 매우 크고 녹색빛이 돈다.

왕파리매가 딱정벌레를 잡았다.

왕파리매의 배는 황갈색이고 털이 없으며, 마디의 굴곡이 심하다.

왕파리매는 머리와 배보다 가슴부분이 유난히 돌출한 점이 특징이다.

171. 쥐머리거품벌레 *Eoscartopsis assimilis*

매미목
쥐머리거품벌레과

우리나라 전역에서 볼 수 있다. 국외로는 일본, 중국 타이완, 러시아 연해주 등에 분포한다.

몸 색은 대부분 황갈색을 띠는 것이 보통이지만 개체변이가 심하여 적갈색형, 흑갈색형, 경우에 따라서는 검정색형 등 매우 다양하다. 어느 경우든 간에, 머리 부분의 색이 꼬리부분보다 더 짙은 것이 공통된 특징이다. 짙은 색에도 불구하고 앞날개는 약간 반투명한 재질이며, 뒷날개는 투명하다.

성충은 7월경 출현하여 9월까지 활동하는데, 주로 개울가의 풀이나 나뭇가지 등에서 버드나무나 관목류의 줄기에서 즙을 빨아먹고 산다. 날개는 있지만 나는 것 보다는 다리의 탄력을 이용해 튀어 다니는 특성이 있다. 연 1회 발생하는데, 약충은 5월 초에 출현하여 7월 초까지 거품을 발생한다. 이 거품은 직접 약충의 몸에서 배출되는 것은 아니고, 약충이 식물의 수액을 빨면 체표면에 수분이 괴어 아래쪽으로 떨어지게 되는데 이 액체가 약충의 호흡을 통해 거품이 만들어지는 것이다.

---

* 출현시기 5~9월   * 출현회수 연 1회   * 사 는 곳 개울가 숲, 도로변
* 월   동 알   * 몸 길 이 7~8mm

쥐머리거품벌레
짝짓기를 하고 있다.

쥐머리거품벌레는 머리 부분의 색이 꼬리 부분보다 짙다.

거품벌레류의 약충은 나뭇가지에 붙어 거품을 만들고는 그 속에 몸을 숨긴다.

172. 끝검은말매미충 *Bothrogonia japonica*

노린재목
말매미충과

우리나라 전역에서 볼 수 있는 매우 흔한 종이다. 국외로는 일본, 중국 등에 분포한다.

몸 색은 짙은 노란색을 띠며 날개는 연두색인데, 앞날개 끝 부분에 흑청색의 띠무늬가 있다. 머리와 가슴 등판에는 모두 7개의 검고 동그란 무늬가 있는데, 특히 앞가슴 등판에는 이 무늬가 역삼각형으로 배열되어 있다. 머리 양 끝에 달려 있는 겹눈은 색깔과 크기가 가슴 등판에 있는 점무늬와 거의 똑같이 생겨 구별하기 어렵다.

성충은 이른 3월부터 출현하기 시작하여 10월말까지 활동하는데, 여러 가지 식물의 즙을 빨아 먹고 산다. 삼각형의 날개 구조를 가진 다른 매미충들에 비해 튀는 습성은 없으며 날개가 일자형으로 발달하였기 때문에 잘 나는 편이다. 풀밭이나 숲, 야산 등 어디서나 쉽게 볼 수 있고 성충으로 월동하기 때문에 늦가을과 이른 봄에 잘 눈에 띈다. 죽은 사체는 색깔이 주황색으로 변하게 된다.

---

* 출현시기 3~10월
* 출현회수 연 1회
* 사 는 곳 초지, 평지, 산지
* 월   동 성충
* 몸 길 이 11~13mm

끝검은말매미충 머리와 가슴 등판에 7개의 검고 동그란 무늬가 있다. 다른 매미충류들과 달리 튀지 않고 날아다닌다.

끝검은말매미충의 월동개체는 4월 초순경부터 볼 수 있다.

173. 남쪽날개말매미충 *Ricania taeniata* 노린재목 큰날개매미충과

우리나라 전역에서 볼 수 있다. 국외로는 일본, 중국, 타이완을 비롯한 동남아시아 일대에 널리 분포한다.

날개를 편 상태의 생김새는 전체적으로 삼각형을 하고 있으나 날개의 테두리 선이 둥그스름하여 거꾸로 보면 하트모양으로 보이기도 한다. 몸 색깔은 연갈색부터 암갈색까지 변이가 다양하게 나타난다. 날개는 몸에 비해 비교적 큰 편이고 불투명하며, 앞날개 끝부분과 2/3지점에는 가로 줄무늬가 발달하였다. 황갈색의 겹눈에는 암갈색의 줄무늬가 세로방향으로 나있다. 홑눈은 투명한 담갈색이다. 앞가슴 등판은 작고 폭은 머리보다 좁은 역삼각형 모습이다. 양쪽 겹눈의 뒷부분과 앞날개 기부에는 동그란 형태의 돌기가 있다. 앞날개의 시맥은 촘촘하며 굵다.

성충은 5월부터 출현하는데 주로 벼과식물의 즙을 빨아 먹고 산다. 잘 날지 못하고 뛰는 습성이 있다. 야산의 풀밭이나 길가의 풀숲 등에서 쉽게 눈에 띈다.

---

* 출현시기 5~9월　* 출현회수 연 1회　* 사 는 곳 풀밭
* 월　　동 알　　* 몸 길 이 6~7mm

남쪽날개말매미충 주로 벼과 식물의 즙을 빨아먹고 살며, 잘 날지 못하고 튀어다닌다. 날개는 불투명하고 생김새는 하트 모양으로 생겼다.

174. 부채날개매미충 *Euricania facialis*

노린재목
큰날개매미충과

우리나라 전역에서 볼 수 있다. 국외로는 일본, 타이완 등지에 분포한다.

몸 빛깔은 전체적으로 흑갈색이고 더듬이는 황갈색을 띤다. 앞가슴등판은 짧으며 정중선은 볼록하다. 작은방패판도 흑갈색이며 중앙에 있는 3개의 세로융기선이 앞쪽 끝에서 서로 좁혀진다. 배의 등면은 어두운 갈색이다. 겹눈은 어두운 갈색인 반면 홑눈은 노란색이다. 앞날개와 뒷날개는 모두 투명하고 날개 맥은 어두운 갈색인데, 날개 테두리는 두터운 갈색 띠로 되어 있다. 배의 아랫면과 다리는 황갈색이다.

약충은 투명한 옥색 몸통에 꼬리가 민들레 홀씨처럼 생겼는데, 가까이 접근하면 튀어 날아 간다.

성충은 5월부터 출현하여 9월말까지 활동한다. 날아다니지 못하여 기거나 튀면서 이동한다. 도로가의 풀밭이나 경작지 부근에서 볼 수 있는데 특별한 기주식물은 없다.

---

* **출현시기** 5~9월　* **출현회수** 연 1회　* **사 는 곳** 숲, 도로변
* **월　동** 알　* **몸길이** 9~10mm

부채날개매미충 앞날개와 뒷날개 모두 투명한 것이 특징이다. 날지는 못하며 기어다니거나 튀면서 이동한다.

175. 소요산매미 *Leptosemia takanonis*

노린재목 매미과

우리나라 어디서나 볼 수 있다. 국외로는 중국에 분포한다.

암컷은 배가 짧지만 수컷은 발음기가 길게 발달한 관계로 배가 날개 길이에 조금 못 미칠 정도로 유난히 길다. 배의 색은 주황색에 가까우며 투명한 편이다. 검은 색의 앞가슴 등판에는 녹색의 무늬가 그려져 있다. 앞날개와 뒷날개는 모두 투명하며 날개맥은 전반부에서는 초록색을 띠고 후반부에서는 흑갈색을 띤다.

성충은 5월에 출현하여 8월까지 활동하는데, 6월 하순~7월 초순이 최성기이다. 산지성 매미로서 도시에서는 잘 볼 수 없으며 해발 500m 이상의 고지에서만 볼 수 있다. 다만 강원도 지역에선 흔한 종으로서 농가 주위나 야산에서 쉽게 만날 수 있다. 우는 소리는 지~잉 지~징 하며 끌다가 타카 타카 하고 급히 멈추는 특성이 있다. 앉는 곳은 침엽수보다는 활엽수에서 많이 발견된다.

---

* 출현시기 5~8월
* 출현회수 연 1회
* 사 는 곳 산지
* 월   동 유충
* 몸 길 이 37~40mm(날개 포함)

소요산매미(수컷)
수컷은 발음기가 길게 발달하였기 때문에 배가 유난히 길다. 배의 색깔은 옅은 주황색이다.

소요산매미(암컷)
암컷의 배는 짧고 끝이 뾰족하다.

176. 털매미 *Platypleura kaempferi*

**노린재목
매미과**

몸 전체에 털이 많이 나 있어 붙여진 이름이다. 처음에는 이 매미의 울음소리가 '씽~씽~' 하고 운다하여 씽씽매암이라 불렸으나 후에 털매미로 바뀌었다. 우리나라 전역에서 볼 수 있으며 국외로는 일본, 쿠릴 열도, 타이완 및 동남아시아에 분포한다.

몸은 전체적으로 흑갈색이나 흰 가루가 많이 묻어 있는 개체도 가끔 보인다. 앞날개에는 회색바탕에 검정 구름무늬가 알록달록한데, 특히 기부 근처의 회황색 무늬가 나무껍질과 비슷하여 보호색을 형성한다. 뒷날개는 투명한 바깥 가장자리만 빼고는 모두가 검정색이다.

성충은 7월부터 출현하여 9월까지 활동하는데, 8월 중순경 가장 많이 발생한다. 토양 속에서 5년 정도의 유충기를 마친 종령유충은 나무줄기나 풀로 기어 올라와 성충으로 우화한다. 보통 오후 6시에서 12시 사이에 우화하는데, 탈피각은 겹눈을 제외한 몸 전체가 진흙으로 덮여 있는 것이 특징이다.

---

* **출현시기** 7~9월   * **출현회수** 연 1회   * **사 는 곳** 야산, 숲
* **월   동** 유충   * **몸 길 이** 38mm(날개 포함)

털매미 몸 색이 보호색을 띠기 때문에 알아보기 힘들다.

털매미의 뒷날개는 검정색이다.

갓 우화한 털매미 털매미의 탈피각은 겹눈을 제외한 몸 전체가 진흙으로 덮여 있는 것이 특징이다.

177. 쓰름매미 *Meimuna mongolica*

노린재목
매미과

우리나라 전역에서 볼 수 있다. 국외로는 중국에 분포한다. 우는 소리의 특징을 따서 붙여진 이름이다.

몸의 윗면은 검은색 바탕에 초록색의 선과 무늬가 발달되어 있는데, 특히 배등면의 마디 선이 밝은 초록색인 점이 다른 매미들과 구별된다. 배 끝과 몸의 아랫면은 연한 녹색이고 흰색 가루가 묻어 있다. 이마의 세로무늬는 어두운 갈색이며 정수리에는 느낌표 모양의 세로무늬가 있다. 머리는 초록색이고 머리 양쪽의 무늬는 검은색이며 주둥이는 연노란색이다. 겹눈과 홑눈은 모두 갈색이며, 각 다리의 종아리마디와 발목마디는 흑갈색이다. 날개는 앞, 뒷날개 모두 투명하고 반사가 심한 편이다. 암컷은 산란관이 몸 밖으로 길게 나와 있다.

성충은 7~9월에 출현하는데 '쓰~름 쓰~름' 하는 울음소리를 낸다. 대개 평지에 서식하며 산지에는 잘 서식하지 않는 것이 특징이다. 우는 소리가 독특하여 지방에 따라 '쓰르라미' 또는 '씰롱매미'로도 불렸다.

---

* 출현시기 7~9월   * 출현회수 연 1회   * 사 는 곳 평지, 야산
* 월   동 유충   * 몸 길 이 42~44mm(날개 포함)

쓰름매미
쓰-름 쓰-름하고 운다.
배의 마디무늬는
밝은 초록색이다.

178. 참매미 *Oncotympana fuscata*

노린재목 매미과

우리나라 전역에서 볼 수 있다. 국외로는 일본, 중국, 러시아 연해주에 분포한다.

몸의 형태는 배의 폭이 유난히 넓어서 옆으로 통통한 모습이다. 몸 색은 머리와 가슴의 무늬는 녹색을 띄는 것이 보통이지만, 일부 도서 지방의 개체들은 노란색이나 오렌지색을 띄는 것들도 발견된다. 몸의 등면은 흑갈색 바탕에 흰색과 갈색 및 초록색 무늬가 복잡하게 섞여 있다. 배의 아랫면은 연두색을 띠고 등면은 흑갈색을 띠지만 보통 배등면에 흰 가루가 묻어 있는 경우가 많다.

성충은 7월에서 9월 사이에 출현하는데, 7월 하순~8월 중순이 최성기 이다. '맴~맴' 하고 울기 때문에 매미 울음소리의 대표 격이라 할 수 있다. 주로 산기슭이나 계곡 주변의 활엽수림에서 많이 서식한다. 유충기는 땅 속에서 7년 정도 걸리는 것으로 알려지고 있으며, 우화한 성충은 7~15일 안에 짝짓기를 끝낸 뒤 알을 낳고 죽는다. 매미기생나방(*Epipomponia nawai*)의 주된 숙주이기도 하다.

---

* **출현시기** 7~9월 * **출현회수** 연 1회 * **사 는 곳** 산지, 숲
* **월 동** 유충 * **몸 길 이** 58mm(날개 포함)

참매미 참매미는 몸이 옆으로 뚱뚱하다.

참매미의 몸에는 흰색가루가 많이 묻어 있다.

짝짓기를 하고 있다. 땅 속에서 7년정도 유충기를 보낸 참매미는 일주일만에 짝짓기를 마치고 죽는다.

179. 말매미 *Cryptotympana dubia*

노린재목
매미과

제주도를 비롯한 도서지방을 비롯하여 전국 어디서나 볼 수 있다. 국외로는 중국에 분포한다. 이 종은 우리나라에서 서식하는 매미 중 가장 큰 종으로서 우는 소리 또한 가장 시끄러운 매미다. 개체수가 그리 많은 편은 아니지만 대도시의 아파트 단지나 고속도로 주변에는 의외로 많이 서식하는 종이다.

몸 색깔은 대체로 광택성이 강한 흑갈색이지만 때로는 황금색 가루로 덮여 있는 개체도 많이 발견된다. 가운데 다리와 뒷다리의 종아리마디에는 밝은 주황색이며, 가운데 가슴 등판에 있는 X자 모양의 융기부는 짙은 갈색이다. 앞날개와 뒷날개는 투명하지만 기부에 검은 무늬가 발달하여 있다.

성충은 6월초부터 우화하기 시작하여 9월 말까지 활동하는데, 대부분 평지나 낮은 산지의 나무 위에서 볼 수 있다. 애벌레는 땅 속에서 각종 활엽수의 식물뿌리에 주둥이를 꽂아 즙을 빨아 먹고 사는데, 유충기는 7년 이상인 것으로 알려져 있다. 말매미는 어린 나뭇가지에 알을 낳으면 나무가 말라죽는 그을음병을 일으키기 때문에 해충으로 분류된다.

---

*출현시기 6~9월 *출현회수 연 1회 *사는 곳 대도시 가로수, 산지 활엽수림
*월   동 유충   *몸 길 이 45mm

말매미 우리나라에서 서식하는 매미 중 가장 큰 종이다. 대도시의 공원이나 가로수에서 자주 볼 수 있다.

180. 풀매미 *Cicadetta isshikii*

노린재목 매미과

우리나라 매미 중 가장 작은 종이다. 전국에 분포하지만 매우 한정적인 곳에만 서식하며 개체수가 많은 편은 아니다. 국외에는 중국 동북부에 분포한다.

몸 색깔은 대체로 검고 앞날개와 뒷날개는 무색투명하며 날개 맥은 자주색이다. 이마에는 작은 반문이 있으며 겹눈은 갈색을, 홑눈은 연한 붉은색을 띤다. 배의 아래 면은 황갈색 바탕에 검은 무늬가 부분적으로 있다.

성충은 5월 말에 출현하여 8월 까지 활동하는데, 대개 관목이나 풀, 키 작은 나무 등의 가지에 붙어 '칫-칫-칫' 소리를 연속적으로 내며 운다. 주요 서식처로는 깊은 산이나 우거진 숲보다는 낮은 야산이나 평지를 선호하고 건조한 석회암 지형에 산다. 경계심이 강하여 사람의 접근을 좀처럼 허용하지 않으며, 인기척이 나면 재빨리 날아가 버린다. 우는 소리 또한 나뭇잎 사이로 반향되어 좀처럼 위치를 찾아내기 힘들다.

---

* **출현시기** 5~9월　　* **출현회수** 연 1회　　* **사 는 곳** 숲, 야산
* **월　　동** 유충　　* **몸 길 이** 23mm(날개 포함)

풀매미 몸 색은 검정색이고 날개는 투명하다.

풀매미 풀매미류는 풀잎에 앉아서 우는 경우가 많다. 칫-칫-칫하고 연속하여 운다.

181. 풀색노린재 *Nezara antennata*

노린재목
노린재과

전국 어디서나 볼 수 있는 흔한 종이다. 국외로는 일본, 중국, 대만, 인도, 동남아시아 등에 분포한다.

몸 색은 일반적으로 연록색(풀색)을 띠지만 개체에 따라 몸의 등면이 황갈색인 경우도 있다. 전체적인 몸의 형태는 방패 같이 생겼는데, 앞가슴등판은 양 옆 가장자리가 돌출되어 있고 가로로 완만하다. 몸의 표면은 아주 약한 광택이 있고 검은색 점각이 약하게 산포하고 있다. 특히 약충기의 몸색은 분홍색과 흰점무늬가 어우러져 성충보다 화려한 모습을 한다.

성충은 낮 동안 활발하게 움직이는데, 인기척이 나면 재빨리 나뭇잎 뒤로 몸을 숨기며, 손으로 만지면 노린재 특유의 냄새를 뿜어낸다. 식성은 잡식성으로서 각종 콩과식물은 물론 가지·토마토 등 채소나 각종 재배식물의 즙을 빤다. 월동 성충은 3~4월에 기주식물로 이동하고 6~7월에 산란하며 7~8월경에는 신성충이 나타난다. 이어서 9월에는 두 번째 세대 성충이 발생하는데, 이것이 월동 개체가 된다.

---

* **출현시기** 3~10월   * **출현회수** 연 2회   * **사 는 곳** 숲, 경작지, 과수원
* **월   동** 성충   * **몸 길 이** 11~17mm

풀색노린재(5령 약충) 약충시절의 몸 색깔이 더 화려하다.

풀색노린재(성충)

풀색노린재가 짝짓기를 하고 있다. 암컷이 수컷보다 약간 더 크다.

풀색노린재의 황갈색 개체.

182. 홍줄노린재 *Graphosoma rubrolineatum*

노린재목
노린재과

우리나라 전역에서 볼 수 있다. 국외로는 일본, 중국 및 시베리아와 유럽까지 널리 분포하는 종이다.

몸 색은 등면에 검은 색과 붉은 색의 세로 줄 무늬가 번갈아 나 있고 광택이 약간 있다. 홍줄무늬는 양 모서리를 포함하여 모두 7가닥인데, 색깔의 농도는 지역에 따라 적갈색부터 황갈색까지 개체변이가 다양하게 나타난다. 몸의 아랫면은 주황색 바탕에 검은 점이 산포하고 있다. 앞가슴등판은 폭이 넓고 중앙부가 가로로 볼록하게 튀어 나왔다. 앞날개는 혁질부의 바깥가장자리만 노출되어 있다. 더듬이는 모두 5마디로서 짧고 검은색을 띤다.

성충은 6~8월에 출현하는데 주로 미나리과식물의 꽃이나 열매를 즐겨 찾지만 당귀, 인삼, 당근과 같은 식물의 꽃에도 잘 모인다. 경우에 따라서 한 꽃 위에 여러 마리가 모여 짝짓기 하는 모습도 자주 눈에 띈다. 짝짓기는 배 끝을 맞대고 서로 반대방향으로 붙어 있는 모습이다.

---

* **출현시기** 6~8월   * **출현회수** 연 1회   * **사 는 곳** 야산, 경작지, 과수원
* **월   동** 약충   * **몸 길 이** 9~12mm

홍줄노린재 몸 색깔은 검은 바탕에 7개의 붉은줄무늬가 있다.

짝짓기 하는 홍줄노린재.
짝짓기는 서로 배끝을
맞댄채로 이루어진다.

183. 분홍다리노린재 *Pentatoma japonica* 노린재목 노린재과

우리나라 전역에서 볼 수 있다. 국외로는 일본, 러시아 등에 분포한다.

몸 빛깔은 반짝이는 초록색 바탕에 구릿빛 금속광택이 있다. 체 표면에는 미세한 검은 점각이 많이 돋아 있다. 배의 아랫면과 다리는 분홍색 또는 적갈색이다. 더듬이는 길고 제 1마디가 가장 짧다. 앞가슴등판은 양 어깨가 크고 넓게 돌출하였는데, 등 쪽으로 약간 휘어져 올라갔다. 어깨의 앞부분에는 작은 톱니 모양의 돌기가 나 있으며 앞가슴 등판에는 사람 눈모양의 문양이 그려져 있다. 어깨 모서리는 조각칼처럼 날카롭고 배 쪽으로 비스듬히 경사져 있다. 배의 가장자리는 앞날개의 바깥쪽으로 확장되어 있는데, 검정색과 분홍색이 교차하며 띠무늬를 이루고 있다.

성충은 6월부터 출현하여 10월까지 활동하는데, 주로 낮에 활동하며 산이나 들판의 느릅나무·느티나무·자작나무·단풍나무 등의 활엽수 줄기에 붙어 수액을 빤다. 성충으로 월동한다.

---

* **출현시기** 6~10월　* **출현회수** 연 1회　* **사 는 곳** 숲, 산지
* **월　　동** 성충　* **몸 길 이** 17~20mm

분홍다리노린재
다리가 분홍색이다.

분홍다리노린재
앞가슴 등판에는
사람 눈모양의
그림이 그려져 있다.

분홍다리노린재 성충은
느릅나무나 느티나무,
단풍나무 등 활엽수의
수액을 빤다.

184. 대왕노린재 *Pentatoma parametallifera*

노린재목
노린재과

우리나라 전역에서 볼 수 있다. 국외로는 일본, 중국, 몽골, 러시아(연해주)에 분포한다.

몸 색깔은 선명하고 반짝이는 녹색이며 구릿빛과 보랏빛이 섞인 감청색이 많이 발달하였다. 외형적으로는 왕노린재(*Pentatoma metallifera*)와 흡사하게 생겼으나 어깨뿔이 훨씬 크고 날카롭게 발달한 점이 다르다. 앞가슴등판의 양 어깨는 현저히 크고 길게 돌출하였고 등 쪽으로 활처럼 굽었다. 더듬이는 비교적 긴 편인데, 첫 번 째 마디가 가장 짧고 두 번 째 마디는 가장 길다. 반딱지날개(앞날개)의 혁질부는 금속성 광택이 나는 녹색이며, 막질부는 흑갈색으로 배 끝보다 길게 돌출하여 나왔다. 배는 앞날개의 양 옆으로 노출되어 있고 노출된 부위를 따라 청색 띠무늬가 가로로 나있다.

성충은 6월에 출현하여 9월가지 활동하는데, 주로 산림지대에서 발견된다. 오갈피나무나 층층나무, 떡갈나무 · 신갈나무 · 참나무 등에서 나무열매의 즙을 빨아먹는다.

---

* **출현시기** 6~9월 * **출현회수** 연 1회 * **사 는 곳** 산지
* **월   동** 약충   * **몸 길 이** 23~25mm

대왕노린재 어깨뿔이 크고 날카로우며 길게 돌출하여 등쪽으로 굽어있다.
몸 색깔은 광택이 있는 녹색이며, 금속성 감청색이 발달하였다.

왕노린재 왕노린재는 어깨뿔이 덜 발달했으며 색상도 약간 다르다.

185. 다리무늬 침노린재 *Sphedanolestes impressicollis*

노린재목 침노린재과

우리나라 어디서나 볼 수 있다. 국외로는 일본·중국·인도 등지에 분포한다.

몸 빛깔은 광택이 있는 검은색에 황백색의 무늬가 섞여있다. 전체적인 생김새는 가늘고 길게 생겼는데, 머리는 검은색으로서 작고 길며 목은 가늘다. 겹눈 역시 검은색인데, 겹눈 사이에는 가로 홈이 있다. 한편, 홑눈 사이에는 황백색의 작은 세로무늬가 있다. 더듬이는 가늘고 길게 생겼는데, 제1마디가 가장 길고 제2마디는 가장 짧으며, 그 다음부터는 차례로 약간씩 길어지는 특징을 보인다. 다리는 길고 검은색인데, 각 다리의 넓적다리마디와 종아리마디 기부에 각각 3개와 1개의 황백색 무늬가 있다. 배의 아랫면은 중앙부가 황백색이고 옆 부분에는 검은색 무늬가 불규칙하게 나 있다.

성충은 6월에 출현하여 10월 까지 활동하는데, 주로 숲이나 풀밭에 산다. 식성은 육식성으로서 다른 곤충을 찔러 체액을 빠는데, 주로 나비류의 유충이나 작은 딱정벌레류를 잡아먹는다.

---

* **출현시기** 6~10월 * **출현회수** 연 1회 * **사 는 곳** 숲, 풀밭
* **월   동** 성충 * **몸 길 이** 13~16mm

다리무늬침노린재 다리는 길고 검은색인데 황백색의 무늬가 있다.

다리무늬침노린재는 육식성으로 주로 나비류의 유충을 잡아 침으로 찔러 체액을 빤다.

다리무늬침노린재(약충)
약충, 성충 모두 나비류의 유충이나 작은 딱정벌레류를 잡아먹는 육식성이다.

186. 흰점빨간긴노린재 *Lygaeus equestris* 노린재목 긴노린재과

전국 어디서나 볼 수 있다. 국외로는 일본과 중국 등에 분포한다. 몸은 밝은 주황색과 검정색이 섞여 있는데 거꾸로 앉아 있을 때의 문양이 마치 수염을 기른 사람 얼굴 형상을 하고 있다. 머리와 앞가슴등판은 주황색이고, 겹눈은 검정색이다. 더듬이도 역시 검정색이고 모두 4마디로 되어 있는데, 그 중 제 1마디는 직선으로 뻗어 있고 가장 짧다. 반딱지날개의 혁질부는 주황색이며 중앙에는 둥글넓적한 검은 반점이 있다. 한편 막질부는 검정색인데, 이곳에 이 종의 특징인 흰점이 마치 긁힌 자국 같이 나 있다. 이 흰점은 지역에 따라 변이가 심하며, 중앙에 원형의 흰점이 있는 것도 있다. 배의 아래 면은 주황색 바탕에 각 마디마다 중앙부에 2개, 그 양단에 각각 1개씩의 검정색 무늬가 있다. 다리는 검정색이다.

성충은 5월에 출현하여 10월까지 활동하는데, 풀밭이나 경작지 주위에 살면서 작은 벌레들을 잡아먹고 산다.

* **출현시기** 5~10월
* **출현회수** 연 1회
* **사 는 곳** 숲
* **월　　동** 성충
* **몸 길 이** 10~12mm

흰점빨간긴노린재 검정색의 반딱지날개에 흰색의 무늬가 특징이다.

흰점빨간긴노린재는 거꾸로 앉으면
콧수염을 기른 사람 얼굴모양이 된다.

흰점빨간긴노린재는 움직일 때마다
얼굴 표정이 바뀌는 것처럼 보인다.

187. 두쌍무늬 노린재 *Urochela (Urochela) quadrinotata*

노린재목
참나무노린재과

우리나라 전역에서 볼 수 있다. 국외로는 일본과 시베리아 동부에 분포한다.

몸 색은 전체적으로 적갈색을 띠며 배 등판에 두 쌍의 검은색 점무늬가 있어 쉽게 구별된다. 머리는 작고 겹눈은 검은색이며 더듬이는 5마디로 되어 있는데, 제 4·5마디 밑 부분이 노란색을 띤다. 겉날개인 반딱지날개의 좌우 혁질부에는 1쌍의 검은색 점무늬가 있으며, 막질부는 연한 갈색이면서 반투명하다. 속날개는 막질로 되어 있으며 어두운 적갈색이다. 다리는 암갈색이고 배의 기문은 검은색이다. 주둥이는 침모양으로 생겼는데 길이가 배의 앞 가장자리까지 이른다.

성충으로 월동하는데, 월동한 개체는 3월부터 출현하여 5월에 짝짓기 한 후 죽는다. 신성충은 6~7월경에 우화하며 11월까지 활동하고 월동에 들어간다. 주로 개암나무(*Corylus heterophylla*) 등의 활엽수에 많지만 그 외에도 여러 풀과 나무 등 다양한 곳에서 발견된다.

---

* **출현시기** 3~11월 * **출현회수** 연 2회 * **사 는 곳** 숲, 경작지 주변
* **월 동** 성충 * **몸 길 이** 약 15mm

두쌍무늬노린재
이른 봄에 나타나는 것은
월동한 개체이다.

두쌍무늬노린재의 등면은
적색이다.

두쌍무늬노린재의
배 등판에는 두 쌍의
검은색 점무늬가 있다.

188. 광대노린재 *Poecilocoris lewisi*

노린재목
광대노린재과

우리나라 전역에서 볼 수 있다. 국외로는 일본·타이완·중국 등지에 분포한다.

성충의 몸 빛깔은 광택이 나는 황록색 바탕에 붉은색의 줄무늬가 있거나 청람색 바탕에 주황색 줄무늬가 있는 등 약간의 색체변이가 있다. 반면에 약충은 일괄적으로 검정 바탕에 흰색과 분홍색 줄무늬가 있다. 성충의 몸의 형태는 방패형이며 약충은 원형이다. 겹눈은 어두운 갈색이고 더듬이는 5마디로 되어 있는데, 이중에 제 2마디가 가장 짧다. 침 모양으로 생긴 주둥이는 길어서 배 끝을 지난다.

식성은 약충과 성충 모두 초식성으로서 주로 식물의 즙을 빨아먹고 산다. 가을에 충분한 먹이를 섭취한 약충은 낙엽 밑에서 월동하며 이듬해 5월 말경에 성충이 된다. 짝짓기를 마친 성충 암컷은 잎 위에 다이아몬드 형상으로 알을 낳는데, 1개의 난괴(알덩이)는 12~14개 정도의 알로 이루어져 있다. 등나무·참나무·식나무·층층나무·목련·노린재나무의 열매 등에 모인다.

* **출현시기** 4~11월　* **출현회수** 연 2회　* **사 는 곳** 숲, 야산
* **월　　동** 약충　* **몸 길 이** 17~20mm

광대노린재 옆에서 본 모습은 거북이처럼 등이 튀어나왔다.

광대노린재(성충) 성충의 몸 색깔은 색채 변이가 다양하다.

광대노린재(약충) 식성은 약충, 성충 모두 초식성으로 식물의 즙을 빨아먹고 산다.

189. 큰광대노린재 *Poecilocoris splendidulus* | 노린재목 광대노린재과

강원도와 전라도 등 매우 한정된 곳에서만 볼 수 있다. 노린재 중에서는 단연 가장 아름다운 이 종은 개체 수가 그리 많지 않지만 집단서식을 하는 습성이 있어 분포지에서 만큼은 흔하게 볼 수 있다. 국외로는 중국, 타이완 등지에 분포한다.

몸 빛깔은 초록색과 심홍색이 영롱하게 어우러져 마치 칠보 같은 무늬를 지닌다. 외형상 광대노린재와 유사하지만 줄무늬가 더 넓고 상하로 지그재그 형상으로 이루어져 있다. 몸의 형태는 둥그스름한 타원형이며 등면은 거북이처럼 완만하게 볼록하다.

성충은 5월에 출현하여 9월까지 활동하는데 특히 회양목의 씨를 좋아한다. 월동한 종령약충은 5월 하순경에 성충으로 우화하며, 짝짓기를 마친 암컷은 20~30개 정도의 난괴를 만들어 알을 낳는다. 6월 중순경에는 알에서 부화하고, 8월이 되면 3령 상태에서 여름잠을 잔다. 10월경 다시 종령약충으로 월동에 들어간다.

---

* **출현시기** 5~10월
* **출현회수** 연 2회
* **사 는 곳** 석회암지대, 회양목 자생지
* **월 동** 약충
* **몸 길 이** 17~20mm

큰광대노린재(성충) 몸 색깔이 칠보처럼 화려하다. 회양목의 씨를 빨아먹고 산다.

큰광대노린재(하면하는 약충) 무더운 8월이 되면 약충들은 그늘진 활엽수 잎에 응집하여 집단으로 여름잠을 잔다. 약충의 형태는 거의 원형에 가까우며 기름띠 같은 무지개 색을 한다.

190. 장수허리노린재 *Anoplocnemis dallasi*

노린재목
장수허리
노린재과

우리나라 전역에서 볼 수 있다. 국외로는 중국에 분포한다.

몸 색은 흑갈색형이 일반적이지만 암갈색 또는 황갈색을 띠는 개체도 있다. 체표면에는 미세한 황갈색의 부드럽고 짧은 털이 발달하였으며 광택은 없다. 몸의 형태는 길쭉한 방패형으로 생겼는데, 앞가슴 등판은 앞가장자리 부분과 뒷가장자리 부분에서 가로로 융기되어 있다. 몸의 단면 형태는 등판이 판판하고 배 아랫면은 뾰족한 역삼각형 모양을 하고 있다. 이 종은 특히 뒷다리가 발달하였는데, 수컷의 뒷다리 허벅마디는 안쪽으로 뾰족하게 생긴 알통이 특징이며 암컷은 별다른 특징 없이 곡선형으로 약간만 통통한 편이다. 더듬이는 모두 네 마디로 되어 있는데, 제1마디가 제일 길다. 제4마디의 선단부는 적갈색을 띤다.

성충은 5월에 출현하여 9월까지 활동하는데, 주로 산지주변의 들, 풀밭에서 볼 수 있으며, 먹이는 족제비싸리, 참싸리 등 콩과 식물이다.

---

* **출현시기** 5~9월　　* **출현회수** 연 1회　　* **사 는 곳** 산지, 풀밭
* **월　　동** 성충　　* **몸 길 이** 18~24mm

장수허리노린재(수컷)
배 등면은 평활하며 아랫면은 길이방향으로 뾰족한 모서리가 져 있다.

장수허리노린재 수컷의 뒷다리 허벅마디에는 안쪽으로 뾰족한 알통이 있다.

장수허리노린재(암컷)
암컷은 허벅마디에 삼각형 알통이 없어서 쉽게 구별된다.

191. 게아재비 *Ranatra chinensis*

노린재목
장구애비과

우리나라 전역에서 볼 수 있다. 국외로는 일본, 중국 등지에 분포한다.

몸 색깔은 전체적으로 황갈색을 띠며, 몸 생김새는 길고 가는 막대형으로서 원통형이다. 입은 노린재처럼 짧은 침으로 되어 있으며, 배 끝에는 가는 숨관이 꼬리처럼 길게 발달하였다. 암컷의 숨관은 거의 몸길이와 같으나 수컷은 이 보다 더 길다. 앞다리는 낫처럼 생겨 사냥을 하기에 적합하도록 발달되었으며 뒷날개는 질긴 막질로 되어 있다.

성충은 7월부터 출현하여 물이 얼기 전까지 활동하는데, 냇가나 연못 등 흐르는 물과 정지된 물에서 모두 볼 수 있다. 물속에서는 중간다리와 뒷다리로 수초나 나무줄기를 잡은 상태에서 앞다리를 세워 사냥 자세를 취하면서 지나가는 물고기를 사냥한다. 숨관은 수면에 들어 올려 호흡한다. 성충은 종종 물 밖으로 나와 일광욕을 하기도 하고 비상하여 다른 곳으로 이동하기도 한다. 성충으로 월동한다.

* **출현시기** 7~11월 * **출현회수** 연 1회 * **사 는 곳** 냇가, 연못
* **월   동** 성충   * **몸 길 이** 40~45mm

게아재비
게아재비는 비교적
얕은 물에서 산다.

게아재비 주둥이는
침 모양으로 생겼으며
앞다리는 낫처럼 생겼다.

게아재비가 다른 곳으로
날아서 이동하기 위하여
물 위로 올라와 날개를
말리고 있다.

192. 방게아재비 *Ranatra unicolor*

노린재목
장구애비과

우리나라 전역에서 볼 수 있다. 국외로는 일본과 중국, 시베리아 동부, 티벳 등지에 분포한다.

몸 색깔은 회갈색 또는 흑갈색을 띠며, 전체적인 생김새는 게아재비와 비슷하나 크기가 작고 몸통이 매우 가늘며 연약하게 생겼다. 머리는 작고 겹눈은 깨알처럼 작고 동그랗다. 앞다리는 낫처럼 생겨 사냥하기 편리하게 되어 있으며, 가운데 다리와 뒷다리는 가늘고 일자형으로 생겼다. 주둥이는 찌르는 입으로 침이 달려 있으며 배 끝에는 몸길이의 2/3 정도 되는 숨관이 연결되어 있다.

성충은 3월부터 출현하여 11월까지 활동하는데, 주로 연못이나 작은 저수지 주변의 수초 사이에 산다. 식성은 육식성으로서 피라미나 작은 잠자리 유충 등을 잡아 침으로 찔러 체액을 빨아 먹는다. 성충으로 월동하며 날개는 있으나 게아재비만큼 잘 날지 않으며, 물속에서는 가운데 다리와 뒷다리로 몸을 지탱하고 먹잇감을 노린다.

---

* **출현시기** 3~11월   * **출현회수** 연 1회   * **사 는 곳** 연못, 저수지
* **월   동** 성충   * **몸 길 이** 24~32mm

방게아재비 게아재비와 비슷하게 생겼지만 아주 작다.

방게아재비가 이동하기 위해 물 밖으로 나오고 있다.

193. 장구애비 *Laccotrephes japonensis*

노린재목
장구애비과

우리나라 전역에서 볼 수 있다. 국외로는 일본, 대만, 중국, 인도 등지에 분포한다.

몸 형태는 길쭉 넓적하며 몸 색깔은 적갈색 또는 흑갈색을 띤다. 앞 다리 한 쌍은 사냥을 위해 낫처럼 날카롭게 발달하였는데 넓적다리마디는 유난히 넓적하다. 헤엄을 치거나 몸을 붙드는 가운데 다리와 뒷다리는 가늘고 길게 생겼다. 배 끝에는 몸길이 정도의 길고 가느다란 숨관이 달려 있고 입은 침 모양이다.

성충은 7월부터 출현하여 11월 까지 활동하는데, 주로 얕은 강물이나 연못 등지에 산다. 물속에서는 가운데 다리와 뒷다리를 사용하여 풀이나 나뭇가지 등을 붙들고 앞다리를 세워 지나가는 물고기를 사냥한다. 여러 마리가 떼 지어 살기도 하는데 먹잇감이 부족할 때는 동족살상을 하기도 한다. 늦은 가을이 되면 성충은 진흙층이나 물속 낙엽 속에서 월동하며, 월동체는 몸에 이끼와 흙이 뒤덮여 구별하기 힘들다.

---

* **출현시기** 4~11월   * **출현회수** 연 1회   * **사 는 곳** 냇가, 연못
* **월   동** 성충   * **몸 길 이** 32~38mm

장구애비(종령 약충)
약충은 배가 옆으로 불룩하다.

장구애비
물 속에서 이동할 때는 네 다리로 헤엄친다.

장구애비
월동개체는 몸에 이끼가 붙어 잘 구별이 안간다.

194. 소금쟁이 *Aquarius paludum*

**노린재목
소금쟁이과**

우리나라 전역에서 볼 수 있다. 국외로는 일본 극동 러시아, 중국, 타이완에 분포한다.

몸 색은 흑갈색 또는 검은색을 띠며 배 아랫면과 다리의 종아리마디에는 잔털이 빽빽이 나 있어 물에 젖지 않는다. 딱지날개는 배 길이의 반 정도에 이르며 더듬이는 가늘고 짧다.

성충은 4월부터 출현하여 11월 까지 활동하는데, 연못이나 저수지는 물론 냇가나 농수로 등 흐르는 물에도 살며, 심지어는 소나기가 내린 직후 운동장의 고인 물에도 출현한다. 표면장력을 이용하여 주로 수면에서 활동하며, 곤충들이 물에 빠지면 수면의 진동을 통해 알아채고는 곧 달려가 체액을 빨아먹는다. 앞다리로는 받침대 모양으로 몸을 지탱하며 가운데 다리를 밀어 물 위를 기어 다니거나 껑충껑충 뛰어 다닌다. 날개는 항상 물 위에 노출되어 있기 때문에 자주 이동을 하기도 한다.

---

* **출현시기** 4~11월
* **출현회수** 연 2~3회
* **사 는 곳** 연못, 작은 웅덩이
* **월   동** 성충
* **몸 길 이** 11~16mm

소금쟁이 먹잇감이 물에 빠지면 발끝의 진동으로 알아채고 달려간다.

소금쟁이의 앞다리 두 개는 사냥용으로 발달하였다.

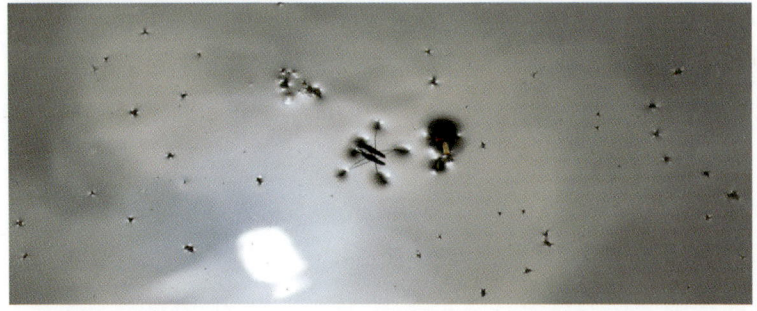

소금쟁이는 표면장력을 이용하여 수면 위에서 살아간다.

195. 송장헤엄치게 *Notonecta (Paranecta) triguttata*

노린재목
송장헤엄치게과

우리나라 전역에서 볼 수 있다. 국외로는 일본, 중국에 분포한다. 예전에는 배영을 송장헤엄이라 하였는데, 누어서 헤엄을 치기 때문에 이 이름이 붙었다. 따라서 송장헤엄치게는 배영을 한다.

몸은 반구형으로 생겼는데, 배 아랫면은 평편하고 등면은 볼록하다. 색깔은 회갈색과 흑색이 섞여 있으며 표면에 수막이 형성되어 반짝거린다. 뒷다리는 유난히 길게 발달하였는데, 종아리마디와 발목마디에는 잔털이 많아 빠른 속도로 물속으로 몸을 피하거나 먹이를 쫓기에 유리하게 되어 있다.

성충은 5월부터 출현하여 11월까지 활동하는데, 수면 위에 떨어진 곤충이나 물속의 작은 어류들을 잡아먹고 산다. 작은 연못이나 웅덩이 뿐 아니라 흐르는 냇가의 풀숲 주변에도 산다. 대부분 수면 바로 아래서 정지하여 있거나 유영을 하면서 먹잇감을 기다리다 수면의 파동을 통해 먹잇감이 떨어진 것을 감지한다. 손으로 만지면 주둥이를 찔러 쏘는데, 찔리면 며칠 동안 따갑다. 날아다니며 이동한다.

---

* **출현시기** 4~11월   * **출현회수** 연 1회   * **사 는 곳** 작은 웅덩이, 연못
* **월   동** 성충   * **몸 길 이** 11~14mm

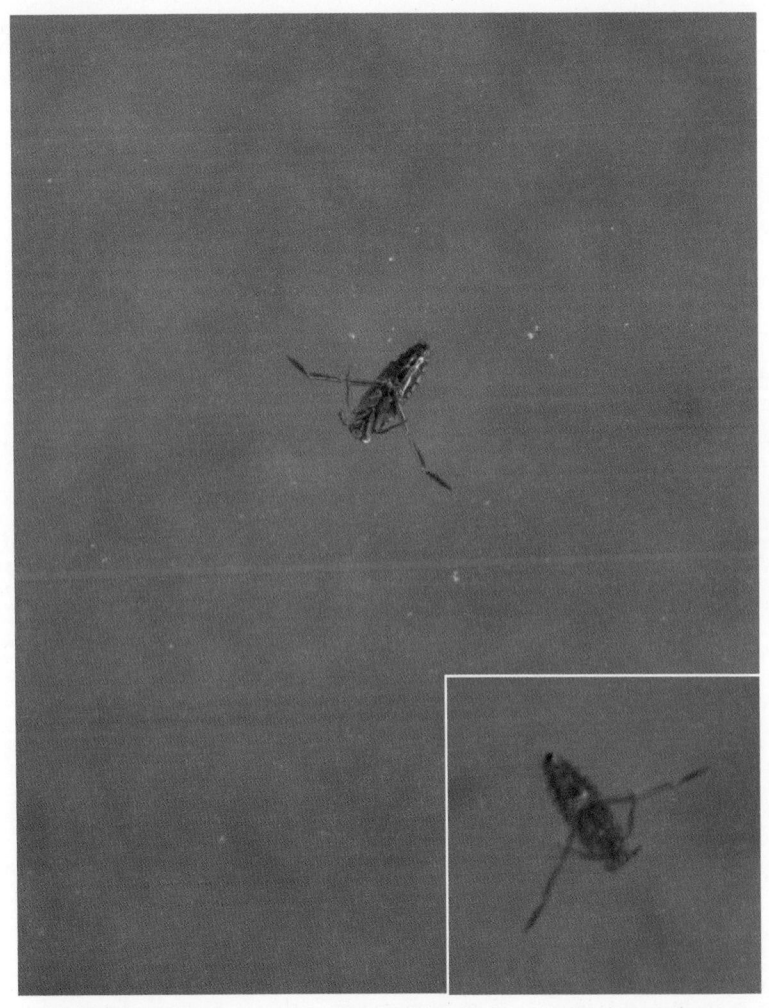

송장헤엄치게 송장헤엄치게는 누워서 헤엄을 치는데 예전에는 '배영'을 '송장헤엄'이라 했기 때문에 이 이름이 붙었다.

196. 물자라 *Muljarus japonicus*

**노린재목
물장군과**

우리나라 전역에서 볼 수 있다. 국외로는 일본, 중국 등지에 분포한다.

몸은 타원형으로 생겼으며 납작하게 생겼다. 색깔은 황갈색 또는 흑갈색을 띤다. 앞다리는 사냥을 하도록 낫처럼 발달하였고 가운데 다리와 뒷다리는 일반 노린재류와 비슷하다. 입은 찌르는 입으로 침이 있으며 배 끝에는 숨관이 있어 수면 위에 내밀어 산소 호흡을 한다.

성충은 5월부터 출현하여 11월까지 활동하는데, 작은 연못이나 큰 저수지 등 주로 고인 물에 서식한다. 식성은 육식성으로 포악한 편이고 작은 물고기류를 잡아 체액을 빤다. 집단으로 뭉쳐 살기도 하는데, 먹이가 없으면 동족 간에도 살상을 한다. 짝짓기를 마친 암컷은 수컷의 등판 위에다 황백색의 알을 60~70개 정도 붙여 낳는데, 수컷은 알이 부화할 때까지 등에 지고 다니는 부성애를 보인다. 성충으로 월동하며 날아다니며 서식 장소를 이동하기도 한다.

---

* **출현시기** 5~11월　* **출현회수** 연 1회　* **사 는 곳** 연못, 저수지
* **월　　동** 성충　　* **몸 길 이** 17~20mm

물자라 암컷은 수컷의 등짝에 50~60개의 알을 붙여 낳는다.

알을 등에 싣고 다니는 물자라 수컷.

197. 물장군 *Lethocerus deyrollei*

노린재목
물장군과

우리나라 전역에서 볼 수 있다. 국외로는 일본, 중국, 타이완, 호주, 브라질 등지에 널리 분포한다. 환경부 멸종위기 야생동식물(2급)로 지정되어 있다. 우리나라에 서식하는 노린재류 중에서 가장 큰 대형 종이다.

몸 생김새는 긴 타원형이며 몸 색은 황갈색 또는 흑갈색을 띤다. 주둥이는 침으로 되어 있는데 아래쪽으로 짧고 크게 굽어 있다. 앞다리는 낫 모양으로 생겼으며 끝에는 날카로운 발톱이 두 갈래로 나 있어 물고기를 잡기 좋게 되어 있다. 배 끝에는 한 쌍의 숨관이 있어 수면 밖으로 올려 호흡한다.

성충은 4월경부터 출현하여 10월까지 활동하는데, 작은 저수지나 농수로에 살며 살아있는 올챙이나 물고기를 잡아 체액을 빤다. 수온이 올라가는 5월 중순 경이면 짝짓기에 들어가는데, 암컷은 수면 위로 올라온 막대나 수초에 약 80~120개 정도의 알을 뭉쳐 낳는다. 암컷은 알을 낳고 장소를 떠나지만 수컷은 알이 부화할 때까지 7~10일 정도 알을 지키는 부성애를 보인다.

---

* **출현시기** 4~11월 * **출현회수** 연 1회 * **사 는 곳** 연못, 농수로
* **월   동** 성충 * **몸 길 이** 48~67mm

물장군(수컷) 수컷은 알이 부화할 때까지 그늘과 수분을 공급하며 천적으로부터 지키는 부성애를 보인다.

물장군(유충) 동시에 부화하여 쏟아지는 1령 유충.

물장군 알에서 깨어난 1령 유충과 수컷 성충.

198. 물땡땡이 *Hydrophilus acuminatus*

딱정벌레목 물땡땡이과

우리나라 전역에서 볼 수 있으나 점점 개체수가 줄어 가고 있는 종이다. 국외로는 일본, 동남아시아 분포한다.

몸은 등이 굽고 배가 홀쭉하여 마치 초승달 같은 모양을 하고 있다. 배 등면은 광택이 강한 딱지날개로 덮여 있는데, 길이방향으로 가는 줄무늬가 나 있다. 배 끝은 매우 뾰족하여 마치 럭비공의 꼭지 같이 생겼다. 바닥면은 안으로 굽었고 이곳에 공기 막을 형성하여 산소호흡을 한다. 다리는 물방개류와 달리 갈퀴가 없으며, 모두 가늘고 끝이 날카롭게 생겼다.

성충은 3월부터 출현하여 11월까지 활동하는데, 농수로나 저수지 가장자리의 수초가 많은 곳에서 산다. 물방개류 보다 훨씬 늦게 물속생활에 적응하였기 때문에 헤엄 기술이 서툴러 개헤엄을 친다. 물속에서는 주로 식물의 잎 아랫면에 붙어서 살면서 잎을 씹어 먹는다. 행동은 물방개와 달리 느리고 둔하며 밤에 불빛에 잘 날아든다.

---

* **출현시기** 3~10월   * **출현회수** 연 1회   * **사 는 곳** 저수지, 농수로
* **월   동** 성충   * **몸 길 이** 33~40mm

물땡땡이 배 밑바닥에는 수막을 형성하여 이것으로 호흡한다.

물땡땡이는 생김새가 럭비공처럼 타원형이다. 헤엄을 잘치지 못하여 개헤엄을 친다.

199. 검정물방개 *Cybister (Meganectes) brevis*

딱정벌레목
물방개과

우리나라 전역에서 볼 수 있다. 국외로는 일본, 타이완, 중국 등지에 분포한다. 예전 이름은 똥방개이다.

몸 색은 검정색 바탕에 약한 녹색 기운이 돌며 엉덩이 부분에 붉은 반점이 한 쌍 있다. 딱지날개는 전체적으로 광택이 강하며 길이방향으로 3쌍의 재봉선 같이 생긴 점무늬가 있다. 머리에도 점무늬가 많다. 수컷의 앞다리 종아리마디에는 빨판이 달려 있어 짝짓기 할 때 사용하도록 발달되었으며, 반면, 암컷의 앞다리 종아리마디는 가늘고 뾰족하게 생겼다.

월동한 성충은 수온이 올라가는 3월부터 출현하여 11월 까지 활동하는데, 짝짓기를 마친 암컷은 수초의 줄기 속에 알을 낳는다. 식성은 유충, 성충 모두 육식성으로서 유충기에는 올챙이나 물고기를 잡아먹고, 성충기에는 죽은 물고기의 살을 뜯어 먹는다. 손으로 만지면 물거나 냄새가 지독한 하얀 액체를 뿜어낸다. 성충은 물속의 진흙층이나 낙엽층 속에서 겨울을 난다.

---

* **출현시기** 3~11월   * **출현회수** 연 1회   * **사는 곳** 연못, 웅덩이, 시내
* **월　　동** 성충   * **몸 길 이** 22~24mm

검정물방개
뒷다리에는 털이 발달하여
헤엄칠 때 갈퀴 역할을 한다.

검정물방개의 엉덩이 부분에
붉은 반점이 한 쌍 있다.

검정물방개 유충
탈피하는 유충.

200. 물방개 *Cybister japonicus*

딱정벌레목 물방개과

우리나라 전역에서 볼 수 있다. 국외로는 일본, 타이완, 중국에 분포한다. 예전 이름은 참방개이다. 최근에 멸종위기종(2급)으로 지정되었다. 생김새는 완만한 타원형과 유선형으로서 둥글넓적하여 물에서 유영하기에 유리한 형태를 하고 있다. 몸 색은 흑갈색 바탕에 약간 녹색 기운이 돌며, 몸 양옆에는 황백색의 테두리 무늬가 있다. 수컷의 딱지날개는 광택이 강하고 매끄러우나, 암컷의 것은 가늘고 짧은 불규칙한 홈이 파여 있어 광택이 없는데, 이는 수컷이 짝짓기 할 때 앞다리에 있는 빨판이 잘 달라붙도록 하기 위한 것이다. 뒷다리에는 잔털이 많이 나 있어 물갈퀴 역할을 한다.

성충은 3월부터 출현하여 11월까지 활동하는데, 봄에 짝짓기 하여 유충기를 지낸 제 2세대는 7월에 우화한다. 식성은 육식으로서 유충기에는 살아 있는 물고기나 올챙이를 잡아먹지만 성충이 되면 죽은 물고기만 먹는 점이 특징이다. 종령 유충은 물가의 모래나 흙 속에 번데기 방을 짓고 우화 하면 다시 물로 들어간다. 성충은 야간에 불빛에 날아든다.

---

*출현시기 3~11월   *출현회수 연 1회   *사는 곳 연못, 저수지, 농수로, 논
*월   동 성충   *몸 길 이 35~42mm

물방개 뒷다리의 갈퀴를 이용하여 헤엄친다.

물방개 유충 올챙이를 잡아먹는 물방개 종령 유충.

물방개는 수초 위로 올라와 날개를 말린뒤, 다른 곳으로 날아서 이동한다.

물 밖에서 몸을 말리는 암컷. 수컷의 딱지날개는 매끄럽고 광택이 있는 반면, 암컷의 딱지날개는 광택이 없고 가는 골이 파여져 있다.

부록

곤충표본사진

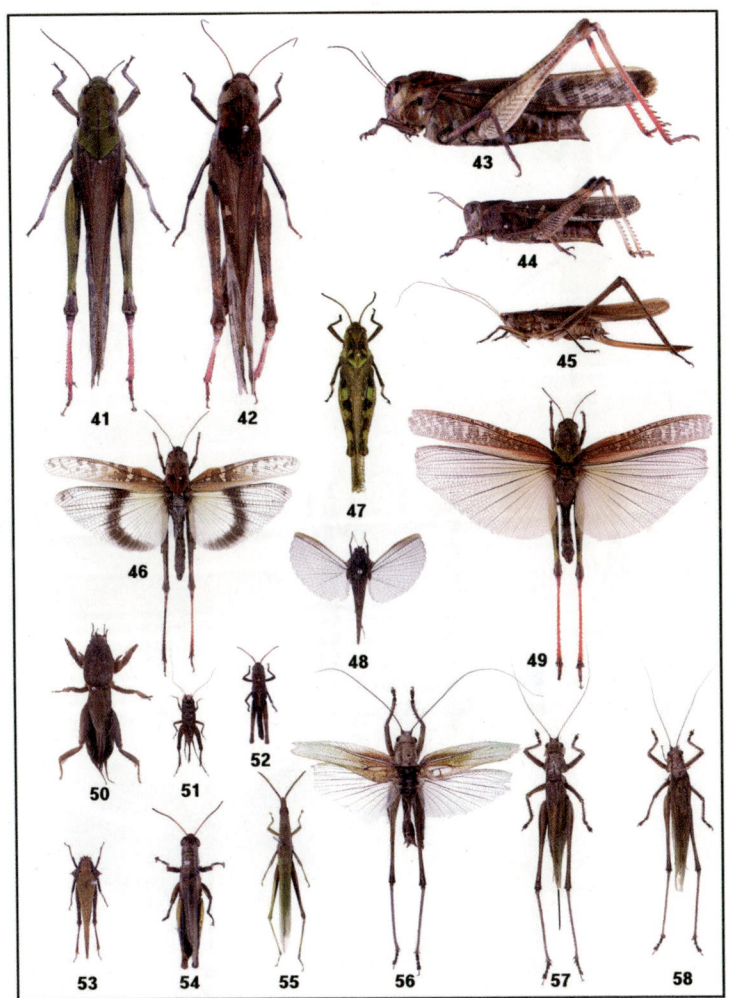

430 · 곤충표본사진

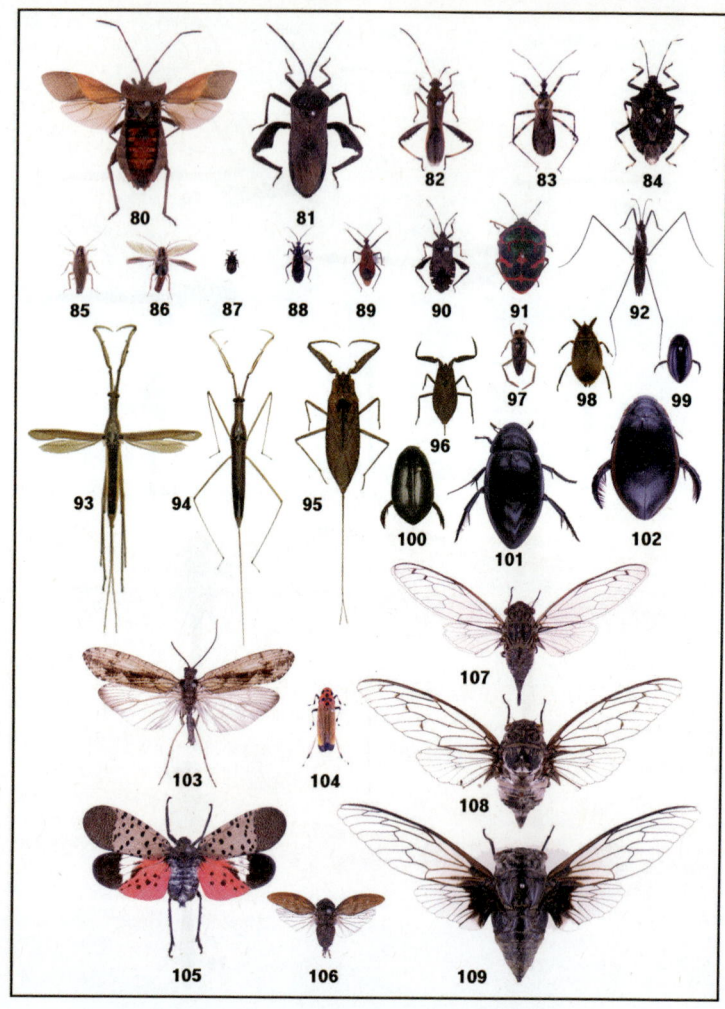

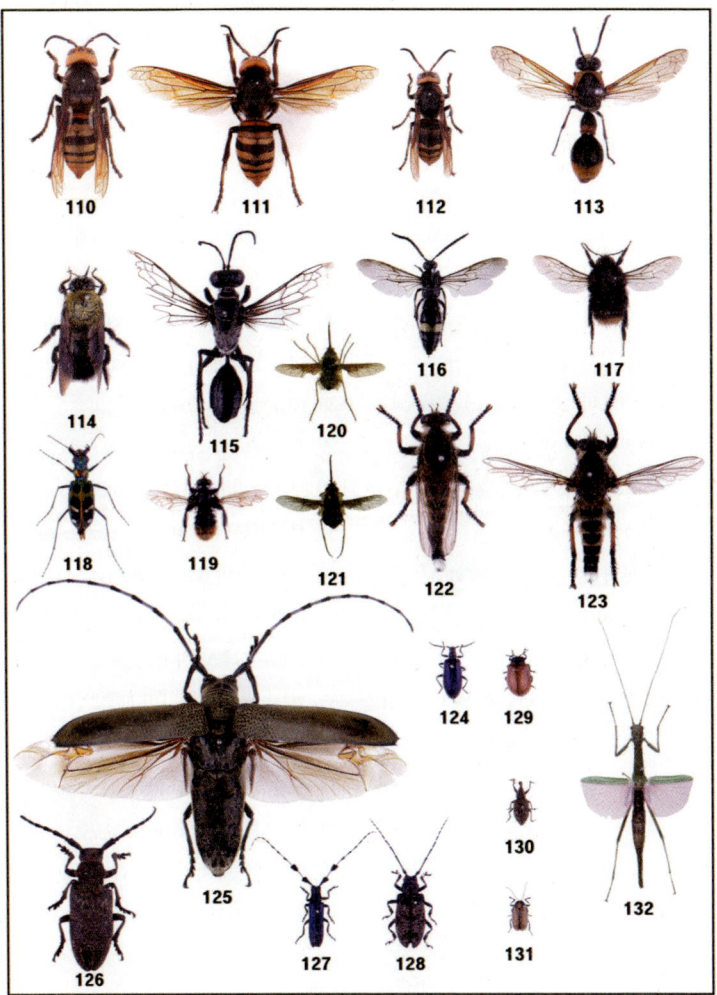

433

표본사진 이름과 학명

1. 왕팔랑나비 *Lobocla bifasciata*
2. 왕자팔랑나비 *Daimio tethys*
3. 줄점팔랑나비 *Pamara guttata*
4. 부전나비 *Lycaeides argyronomon*
5. 부전나비 *Lycaeides argyronomon*
6. 남방노랑나비(추형) *Eurema hecabe*
7. 남방노랑나비(하형) *Eurema hecabe*
8. 청띠신선나비 *Kaniska canace*
9. 범부전나비 (춘형) *Rapala caerulea*
10. 범부전나비 (하형) *Rapala caerulea*
11. 작은홍띠점박이푸른부전나비 *Scolitandides orion*
12. 멧팔랑나비 *Erynnis montanus*
13. 작은멋쟁이나비 *Cyntia cardui*
14. 줄흰나비 *Artogeia napi*
15. 배추흰나비 *Artogenia rapae*
16. 애기얼룩나방 *Mimeusemia persimilis*
17. 네발나비 (하형) *Polygonia c-aureum*
18. 네발나비 (추형) *Polygonia c-aureum*
19. 별박이세줄나비 *Neptis pryeri*
20. 애기세줄나비 *Neptis sappho*
21. 제이줄나비 *Limenitis doerriesi*
22. 어리세줄나비 *Neptis raddei*
23. 호랑나비 *Papilio xuthus* Linnaeus
24. 꼬리명주나비(춘형) *Sericinus montela*(♂)
25. 꼬리명주나비(춘형) *Sericinus montela* (♀)
26. 물결나비 *Ypthima motschulskyi*
27. 석물결나비 *Ypthima amphithea*
28. 애물결나비 *Ypthima argus*
29. 석물결나비 *Ypthima amphithea*
30. 부처나비 *Myclesis gotama*
31. 부처사촌나비 *Mycalesis francisca*
32. 봄처녀나비 *Coenonympha oedippus*
33. 눈많은그늘나비 *Pararge achine*
34. 눈많은그늘나비 *Pararge achine*
35. 외눈이지옥사촌나비 *Erebia cyclopius*
36. 봄처녀나비 *Coenonympha oedippus*
37. 뱀눈그늘나비 *Lasiommata deidamia*
38. 굴뚝나비 *Minois dryas*
39. 참산뱀눈나비 *Oeneis walkyria*
40. 도시처녀나비 *Coenonympha hero*
41. 풀무치(녹색형) *Locusta migratoria*

42. 풀무치(갈색형) *Locusta migratoria*
43. 콩중이 *Gastrimargus marmoratus*
44. 팥중이 *Oedaleus infernalis* Saussure
45. 매부리 *Ruspolia lineosa*
46. 콩중이 *Gastrimargus marmoratus*
47. 콩중이 *Gastrimargus marmoratus*
48. 가시모메뚜기 *Criotettix japonicus*
49. 풀무치 *Locusta migratoria*
50. 땅강아지 *Gryllotalpa orientalis*
51. 귀뚜라미 *Velarifictorus aspersus*
52. 두꺼비메뚜기 *Trilophidia annulata*
53. 가시모메뚜기 *Criotettix japonicus*
54. 벼메뚜기 *Oxya japonica japonica*
55. 방아깨비 *Acrida cinerea cinerea* (♂)
56. 긴날개여치 *Gampsocleis ussuriensis*
57. 긴날개여치 *Gampsocleis ussuriensis*(♀)
58. 긴날개여치 *Gampsocleis ussuriensis*(♂)
59. 왕사마귀 *Tenodera aridifolia* (♂)
60. 왕사마귀 *Tenodera aridifolia* (♀)
61. 황라사마귀(상) *Mantis religiosa* (♂)
62. 황라사마귀(하) *Mantis religiosa* (♀)
63. 사마귀 *Tenodera angustipennis*
64. 좀사마귀 Statilia maculata
65. 노랑뿔잠자리 *Ascalaphus sibiricus*
66. 나비잠자리 *Rhyothemis fuliginosa*
67. 노란실잠자리 *Ceriagrion melanurum* (♂)&(♀)
68. 방울실잠자리 *Platycnemis phillopoda*
69. 왕잠자리 *Anax parthenope julius* (♀)
70. 먹줄왕잠자리 *Anax nigrofasciatus nigrofasciatus*
71. 언저리잠자리 *Epitheca marginata*
72. 고추잠자리 *Crocothemis servilia*
73. 검정측범잠자리 *Trigomphus nigripes*
74. 노란허리잠자리 *Pseudothemis zonata*
75. 왕잠자리 *Anax parthenope julius* (♂)
76. 청실잠자리 *Lestes sponsa*
77. 왕잠자리 *Anax parthenope julius* (♀)
78. 넉점박이잠자리 *Libellula quadrimaculata*
79. 산잠자리 *Epophthalmia elegans yagasakii*
80. 큰허리노린재 *Melypteryx fuliginosa*
81. 장수허리노린재 *Anoplocnemis dallasi*
82. 톱다리개미허리노린재 *Riptortus clavatus*

83. 다리무늬침노린재 *Sphedanolestes impressicollis*
84. 썩덩나무노린재 *Halyomorpha halys*
85. 산바퀴 *Blattella nipponica*
86. 산바퀴 *Blattella nipponica*
87. 애넓적노린재 *Aradus lugubris*
88. 배홍무늬침노린재 *Rhynocoris leucospilus*
89. 고추침노린재 *Cydnocoris russatus*
90. 꽈리허리노린재 *Acanthocoris sordidus*
91. 광대노린재 *Poecilocoris lewisi*
92. 소금쟁이 *Aquarius paludum*
93. 게아재비 *Ranatra chinensis*
94. 게아재비 *Ranatra chinensis*
95. 장구애비 *Laccotrephes japonensis*
96. 메추리장구애비 *Nepa hoffmanni*
97. 송장헤엄치게 *Notonecta triguttata*
98. 물자라 *Muljarus japonicus*
99. 땅콩물방개 *Agabus japonicus*
100. 검정물방개 *Cybister brevis*
101. 물땡땡이 *Hydrophilus acuminatus*
102. 물방개 *Cybister japonicus*
103. 수염치레각날도래 *Stenopsyche griseipennis*
104. 끝검은말매미충 *Bothrogonia japonica*
105. 주홍날개꽃매미 *Lycorma delicatula*
106. 노랑무늬거품벌레 *Aphrophora major*
107. 애매미 *Meimuna opalifera*
108. 참매미 *Oncotympana fuscata*
109. 말매미 *Cryptotympana dubia*
110. 장수말벌 *Vespa mandarinia*
111. 장수말벌 *Vespa mandarinia*
112. 말벌 *Vespa crabro flavofasciata*
113. 호리병벌 *Oreumenes decoratus*
114. 어리호박벌 *Xylocopa appendiculata circumvolans*
115. 조롱박벌 *Sphex argentata fumosus*
116. 홍조배벌 *Scolia (Carinoscolia) fasciata*
117. 호박벌 *Bombus ignitus*
118. 길앞잡이 *Cicindela (Sophiodela) chinensis flammifera*
119. 뒤영벌파리매 *Laphria mitsukurii*

120. 빌로오드재니등애 *Bombylius major*
121. 털보재니등애 *Anastoechus nitidulus*
122. 파리매 *Promachus yesonicus*
123. 파리매 *Promachus yesonicus*
124. 큰남색잎벌레붙이 *Cerogria janthinipennis*
125. 뽕나무하늘소 *Apriona germari*
126. 목하늘소 *Lamia textor*
127. 남색초원하늘소 *Agapanthia pilicornis*
128. 털두꺼비하늘소 *Moechotypa diphysis*
129. 사시나무잎벌레 *Chrysomela (Chrysomela) populi*
130. 노랑쌍무늬바구미 *Lepyrus japonicus*
131. 팔점박이잎벌레 *Cryptocephalus japanus*
132. 분홍날개대벌레 *Micadina phluctaenoides*

곤충이름 찾아보기

ㄱ

가시개미 342
가시측범잠자리 256
가중나무고치나방 138
각시메뚜기 302
갈색여치 280
검은다리실베짱이 268
검은물잠자리 238
검정물방개 420
검정볼기쉬파리 358
검정우단재니등에 350
게아재비 404
고마로브집게벌레 320
고추잠자리 248
광대노린재 398
굴뚝나비 102
굴뚝알락나방 126
극동버들바구미 202
금파리 356
긴꼬리산누에나방 140
긴꼬리쌕쌔기 276
긴수염대벌레 318
길앞잡이 144
깃동잠자리 250
꼬리명주나비 38
꼬리박각시 128
꼬마잠자리 240
꼬마장수말벌 336
꼬마흰점팔랑나비 112
꼽등이 310
끝검은말매미충 366
끝검은메뚜기 300

ㄴ

나비잠자리 254
날개띠좀잠자리 244
날개알락파리 360
남방노랑나비 32
남색초원하늘소 184
남생이무당벌레 176
남쪽날개말매미충 368
넓적사슴벌레 146
네발나비 60
노란실잠자리 228
노란허리잠자리 252
노랑나비 30
녹색박각시 132

ㄷ

다리무늬침노린재 392
대만흰나비 26
대벌레 318
대왕나비 68
대왕노린재 왕노린재 390
대왕박각시 136
대유동방아벌레 168
도시처녀나비 94
두쌍무늬노린재 396
두점박이사슴벌레 154
두줄제비나비붙이 134
뒤영(뒤병)기생파리 354
등검은메뚜기 296
등검은실잠자리 226

땅강아지 286
똥파리 356

ㅁ

말매미 380
매미기생나방 378
매부리 284
먹가뢰(콩가뢰) 홍날개 180
먹부전나비 56
먹주홍하늘소(붉은테검정하늘소) 188
멋쟁이딱정벌레 222
멧팔랑나비 114
모메뚜기 292
모시나비 34
모자주홍하늘소 190
못뽑이집게벌레 322
무당벌레 172
묵은실잠자리 232
물결나비 108
물땡땡이 418
물방개 422
물자라 414

물잠자리 236
물장군 416
밀잠자리 246

ㅂ

방게아재비 406
방아깨비 290
방울실잠자리 230
배자바구미 202
배추흰나비 24
배치레잠자리 242
뱀눈그늘나비 98
뱀허물쌍살벌 336
버들잎벌레 214
벚나무박각시 130
벚나무사향하늘소 192
벚나무사향하늘소 194
베짱이 264
벼메뚜기 298
별박이세줄나비 88
봄처녀나비 94
부전나비 52
부채날개매미충 370

부처나비 104
부처사촌나비 104
분홍날개대벌레 318
분홍다리노린재 388
붉은점모시나비 36
비단벌레 182
빌로오드재니등에 348
뽕나무하늘소 196
뿔나비 110

ㅅ

사과알락나방 126
사마귀 312
사슴벌레 152
사슴풍뎅이 166
사시나무잎벌레(황철나무잎벌레) 216
사향제비나비 48
산맴돌이거저리 178
산왕물결나방 142
산호랑나비 44
산황세줄나비 92
석물결나비 100

석물결나비 108
섬서구메뚜기 294
소금쟁이 410
소요산매미 372
송장헤엄치게 412
시골처녀나비 94
실베짱이 266
쌕쌔기 274
쓰름매미 376

ㅇ

아시아실잠자리 224
아이노각다귀 344
알락하늘소 186
암끝검은포범나비 80
암먹부전나비 56
애기나나니 330
애기세줄나비 86
애물결나비 108
애호랑나비 40
양봉꿀벌 324
어리장수잠자리 258
어리호박벌 328

여치 278
열점박이별잎벌레 212
옥색긴꼬리산누에나방 140
왕가위벌 350
왕거위벌레 218
왕귀뚜라미 288
왕물결나방 140
왕빗살방아벌레 170
왕사마귀 314
왕사슴벌레 148
왕세줄나비 90
왕오색나비 78
왕은점표범나비 84
왕자팔랑나비 118
왕잠자리 260
왕파리매 362
왕팔랑나비 120
왕풍뎅이 160
외눈이지옥사촌나비 96
외눈이지옥나비 94
유리창나비 70
유리창떠들썩팔랑나비 122
은점표범나비 82

은판나비 74
일본왕개미 340

ㅈ

작은멋쟁이나비 64
작은주홍부전나비 58
잔날개여치 282
잠자리각다귀 346
장구애비 408
장미가위벌 350
장수말벌 338
장수잠자리 262
장수풍뎅이 162
장수하늘소 200
장수허리노린재 402
쟈바꽃등에 352
점박이길쭉바구미 208
제비나비 46
조흰뱀눈나비 100
(졸)참나무하늘소 198
좀날개여치 280
좀사마귀 316
줄무늬감탕벌 334

줄베짱이 270
중간밀잠자리 246
중국청람색잎벌레 210
중국황세줄나비 92
중베짱이 272
쥐머리거품벌레 364
지리산팔랑나비 116

ㅊ

참매미 378
참산뱀눈나비 106
참콩풍뎅이 156
청띠신선나비 62
청띠제비나비 50
청실잠자리 234
칠성무당벌레 174

ㅋ

콩중이 306
큰광대노린재 400
큰멋쟁이나비 66
큰밀잠자리 246
큰뱀허물쌍살벌 336

큰주홍부전나비 58
큰줄흰나비 28

ㅌ

탕재니등에 350
털매미 374
토종꿀벌 326
톱사슴벌레 150

ㅍ

팥중이 304
포도유리날개알락나방 126
푸른곱추재주나방 124
푸른부전나비 54
풀매미 382
풀무치 308
풀색노린재 384
풍뎅이 158

ㅎ

호랑꽃무지(범꽃무지) 164
호랑나비 42
호리병벌 332

혹바구미 206
홀쭉밀잠자리 246
홍가슴풀색하늘소 192
홍단딱정벌레 220
홍점알락나비 72
홍줄노린재 386
황세줄나비 92
황오색나비 76
황초록바구미 204
회령푸른부전나비 54
흰뱀눈나비 100
흰점빨간긴노린재 394
흰점팔랑나비 112

학명 찾아보기

A

Acrida cinerea cinerea 290
Actias artemis 140
Actias gnoma 140
Agapanthia pilicornis 184
Agrypnus argillaceus 168
Aiolocaria hexaspilota 176
Allograpta javana 352
Allomyrina dichotoma 162
Ammophila campotris 330
Anax parthenope julius 260
Anomoneura mori 134
Anoplocnemis dallasi 402
Anoplophora malasiaca 186
Anotogaster sieboldii 262
Anterhynchium flavomarginatum 335
Anthrax distigma 350
Anthrax jezoensis Matsumura 350
Apatura metis 76
Apis cerana 326
Apis mellifera 324
Apriona germari 196
Aquarius paludum 410
Argyreus hyperbius 80
Aromia bungii 192
Aromia bungii 194
Artogeia canidia 26
Artogeia melete 28
Artogenia rapae 24
Asias halodendri 188
Atlanticus brunneri 280
Atractomorpha lata 294
Atrophaneura alcinous 48

B

Baculum elongatum 318
Batocera lineolata 198
Bombylius major 348
Bothrogonia japonica 366
Brahmaea certhia 142
Brahmaea tancrei 142

C

Callambulyx tatarinovii 132
Callipogon relictus 200
Calopteryx atrata 238
Calopteryx japonica 236
Camponotus 340
Carabus smaragdinus 220
Celastrina areas 54
Celastrina argiolus 54
Cercion calamorum 226
Ceriagrion melanurum 228
Chalicodoma sculpturalis Smith 350
Chloridolum sieversi 192
Chlorophanus grandis 204
Chrysochroa fulgidissima 182
Chrysochus chinensis 210
Chrysomela populi 216
Chrysomela vigintipunctata 214

Cicadetta isshikii 382
Cicindela chinensis flammifera 144
Clelea fusca 126
Coccinella septempunctat 174
Coenonympha amaryllis 94
Coenonympha hero 94
Coenonympha oedippus 94
Colias erate 30
Conocephalus chinensis 274
Conocephalus gladiatus 276
Cophinopoda chinensis 362
Crocothemis servilia servilia 248
Cryptotympana dubia 380
Cybister (Meganectes) brevis 420
Cybister japonicus 422
Cyntia cardui 64

D

Daimio tethys 118
Damaster jankowskii 222
Dicranocephalus adamsi 166
Diestrammena apicalis 310
Dilipa fenestra 70
Dorcus hopei 148
Ducetia japonica 270

E

Eoscartopsis assimilis 364
Epicauta chinensis taishoensis 180
Epicopeia menciana 134
Epipomponia nawai 378

Episomus turritus 206
Erebia cyclopia 96
Erebia wanga 96
Erynnis montanus 114
Eucryptorrhynchus brandti 202
Eurema hecabe 32
Euricania facialis 370
Everes argiades 56

F

Fabriciana pallescens 82
Fabriciana pallescens 84
Family Pemphigidae 352
Forficula scudderi 322

G

Gampsocleis sedakovi abscura 278
Gastrimargus marmoratus 306
Graphium sarpedon 50
Graphosoma rubrolineatum 386
Gryllotalpa orientalis 286

H

Harmonia axyridis 172
Helicophagella melanura 358
Hestina assimilis 72
Hexacentrus unicolor 264
Hydrophilus acuminatus 418

I

Illiberis pruni 126

443

Illiberis tenuis 126
Ischnura asiatica 224
Isoteinon lamprospilus 116

K

Kaniska canace 62

L

Laccotrephes japonensis 408
Langia zenzeroides 136
Lasiommate deidamia mentriesii 98
Leptosemia takanonis 372
Lestes sponsa 234
Lethocerus deyrollei 416
Libythea celtis 110
Lixus maculatus 208
Locla bifasciata 120
Locusta migratoria 308
Lucanus maculifemoratus dybowskyi 152
Lucilia caesar 356
Luehdorfia puziloi 40
Lycaeides argyronomon 52
Lycaena dispar 58
Lycaena phlaeas 58
Lygaeus equestris 394
Lyriothemis pachygastra 242

M

Macroglossum stellaparum 128
Megachile nipponica Cockerell 350
Meimuna mongolica 376

Melanargia epimede 100
Melanargia halimede 100
Melolontha incana 160
Mesalcidodes trifidus 202
Metopodontus blanchardi 154
Metrioptera bonneti 282
Micadina phluctaenoides 318
Mimathyma schrenckii 74
Mimela splendens 158
Minois dryas 102
Muljarus japonicus 414
Mycalesis francisca 104
Myclesis gotama 104

N

Nannophya pygmaea 240
Neptis alwina 90
Neptis pryeri 88
Neptis sappho 86
Neptis themis 92
Neptis thisbe 92
Neptis yunnana 92
Nezara antennata 384
Notonecta (Paranecta) triguttata 412

O

Ochlodes subhyalina 122
Oedaleus infernalis 304
Oeneis walkyria 106
Oides decempunctatus 212
Oncotympana fuscata 378

Orancistrocerus drewseni 334
Oreumenes decoratus 332
Orthetrum albistylum speciosum 246
Orthetrum japonicum internum 246
Orthetrum lineostigma 246
Orthetrum triangulare melania 246
Oxya japonica 298

P

Papilio machaon 44
Papilio bianor 46
Papilio xuthus 42
Paracycnotrachelus longiceps 218
Parapolybia indica 336
Parapolybia varia 336
Paratlanticus ussuriensis 280
Parnassius bremeri 36
Parnassius stubbendorfii 34
Patanga japonica 302
Pectocera fortunei Candéze 170
Pedicia daimio 346
Pentatoma japonica 388
Pentatoma metallifera 390
Pentatoma parametallifera 390
Phaneroptera falcata 266
Phaneroptera nigroantennata 268
Phraortes illepidus 318
Phyllosphingia dissimilis 130
Platycnemis phillopoda 230
Platypleura kaempferi 374
Plesiophthalmus davidis 178

Poecilocoris lewisi 398
Poecilocoris splendidulus 400
Polygonia c-aureum 60
Polyrhachis lamellidens 342
Popillia flavosellata 156
Prosopocoilus inclinatus 150
Prosthiochaeta bifasciata 360
Pseudothemis zonata 252
Purpuricenus lituratus 190
Pyrgus maculatus 112
Pyrgus malvae coreanus 112

R

Rabtala(Nadata) splendida 124
Ranatra chinensis 404
Ranatra unicolor 406
Rhyothemis fuliginosa 254
Ricania taeniata 368
Ruspolia lineosa 284

S

Samia cynthia 138
Sasakia charonda 78
Satarupa nymphalis 118
Scathophaga stercoraria 356
Sephisa princeps 68
Sericinus montela 38
Serrognathus platymelus castanicolor 146
Shirakiacris shirakii 296
Sieboldius albardae 258
Sphedanolestes impressicollis 392

Statilia maculata 316
Stethophyma magister 300
Sympecma paedisca 232
Sympetrum infuscatum 250
Sympetrum pedemontanum elatum 244

T

Tachina(Servilli) jakovlewii 354
Teleogryllus emma 288
Tenodera angustipennis 312
Tenodera aridifolia 314
Tetrix japonica 292
Tettigonia viridissima 272
Timomenus komarovi 320
Tipula (Yamatotipula) aino 344
Tongeia fischeri 56
Trichius succinctus 164
Trigomphus citimus 256

U

Urochela (Urochela) quadrinotata 396

V

Vanessa indica 66
Vespa ducalis 336
Vespa mandarinia 338

X

Xylocopa appendiculata circumvolans 328

Y

Ypthima amphithea 100
Ypthima amphithea 108
Ypthima argus 108
Ypthima motschulskyi 108

참고 문헌

국립생물자원관, 〈한국의 곤충〉, 전 권, 2018.

김용식, 〈한국나비도감〉, 2002, 교학사.

김정환, 〈한국의 잠자리・메뚜기・사마귀・대벌레〉, 1998, 교학사.

김정환, 〈곤충관찰도감〉, 2004, 진선출판사.

김정환, 〈한국의 딱정벌레〉, 2001, 교학사.

배연재(외), 〈한국곤충생태도감(전5권)〉, 고려대학교 한국곤충연구소, 1998.

백문기(외), 〈한국곤충총목록〉, 2010, 자연과생태.

백유현(외), 〈주머니속 나비도감〉, 2007, 황소걸음.

신유항, 〈한국나비도감〉, 1991, 아카데미서적.

신유항, 〈한국나방도감〉, 2001, 아카데미서적.

심재헌(외), 〈곤충생태도감〉, 경상북도자연환경연수원, 2007.

정광수, 〈한국의 잠자리생태도감〉, 2007. 일공육사.

저자 소개

아마존 밀림 속에서
야간 채집 중인 필자

이대암 (李大岩)

필자 이대암은 대학 1학년 때인 1975년부터 취미로 나비를 쫓아다니기 시작하였다. 건축설계를 전공한 그는 전국의 산과 들은 물론 싱가폴, 말레이시아 등 동남아시아 여러 나라에 출장 다니면서도 항상 포충망을 가지고 다녔다.

1995년 그는 호주 시드니대학교에서 박사학위를 받고 귀국하여 강원도 영월에 정착하였는데 세경대학교에서 건축디자인과 교수와 부총장직을 역임하였다.

2002년, 폐교된 문포초등학교를 리모델링하여 국내최초의 곤충박물관을 설립한 그는 결국 안정된 교수직을 포기하고 험난한 박물관장의 길을 선택했다. 영월곤충박물관 관장이 된 후로는 줄곧 멸종위기에 처한 장수하늘소 복원에 매진하여 2012년 세계최초로 장수하늘소 인공증식에 성공하였다.

그는 2018년 고려대학교에서 장수하늘소에 관한 연구로 생애 두 번째 박사학위를 취득하였으며 국제 학술지에 다수의 장수하늘소 논문을 발표하였다.

최근 그는 장수하늘소와 함께한 지난 15년간의 과정을 이야기로 엮어 '장수하늘소 복원기'(성균관대출판부)를 펴냈다.